本草咖啡

主 编　胡玉涛　孙　博

副主编　徐　波　李琼琼

编　委　袁丽娟　冯　里

　　　　叶　琳　费梦莹

　　　　李　喆

全国百佳图书出版单位

中国中医药出版社

·北京·

图书在版编目（CIP）数据

本草咖啡 / 胡玉涛，孙博主编. —— 北京：中国
中医药出版社，2022.7
ISBN 978 - 7 - 5132 - 7350 - 3

Ⅰ. ①本... Ⅱ. ①胡... ②孙... Ⅲ. ①饮料 - 制作
Ⅳ. ①TS27

中国版本图书馆CIP数据核字（2021）第266703号

中国中医药出版社出版
北京经济技术开发区科创十三街31号院二区8号楼
邮政编码：100176
传真：010 - 64405721
河北省武强县画业有限责任公司印刷
各地新华书店经销

开本：880×1230   1/24
印张：17.5   字数：227千字
版次：2022年7月第1版
印次：2022年7月第1次印刷
书号：ISBN 978 - 7 - 5132 - 7350 - 3
定价：108.00元
网址：www.cptcm.com

服务热线：010 - 64405510
购书热线：010 - 89535836
维权打假：010 - 64405753
如有印装质量问题请与本社出版部联系（010 - 64405510）
版权专有   侵权必究

微信服务号：zgzyycbs
微商城网址：https://kdt.im/LIdUGr
官方微博：https://e.weibo.com/cptcm
天猫旗舰店网址：https://zgzyycbs.tmall.com

创作简介

茶与咖啡最长情，陪伴人类千年，是许多人生活中不可或缺的一部分。当茶与咖啡遇到了传承千年的本草，迸发出了奇妙的口感和卓越的功用。笔者结合自己多年来健康食品开发的实践经验，将药食同源的本草与咖啡、奶茶、红茶、绿茶、蜜茶等饮品形式相结合，创作出了本草咖啡及其系列茶饮，以飨食者，以期为不同体质的咖啡及茶饮爱好者提供一种健康时尚的养生新选择。

本书将本草咖啡依据其所适用的气虚、阴虚、阳虚、痰湿、湿热、血瘀、气郁、平和、特禀九种中医体质进行分类阐述，便于读者根据自身体质特征，有针对性地选择适合自己的饮品。本书还将药食同源的本草原料、咖啡及其饮品、华夫等制作过程拍摄成图片同时呈现给读者，更为读者尝试自己制作饮品提供了针对性的指导。

"传承本草经典，面向健康未来"，一直是本草咖啡开发团队所坚持的理念和奋斗目标。谨以此书献给新时代康健有为、矢志奋斗的人们。

目录

本草咖啡及其制作方法

Herbal coffee and its making method

本草咖啡

本草咖啡的认知

本草 —— 中药

"本草"有三种含义，一是指中药，二是指中药的知识与技术，三是指记载中药知识与技术的著作。"本草"作为中药的含义，已经成为中医药文化的文字符号被人民大众所接受，在现代大健康产业中"本草"更被赋予了"天然、环保、健康、绿色、经典"等内涵，并深入人心。

本草咖啡 —— 草咖啡

中药是指在中医理论指导下，用于预防、治疗、诊断疾病并具有康复与保健作用的物质。本书中所提及的"本草咖啡"则可以理解为能提升健康水平，并具有康复和保健作用的咖啡。将"本草"视为中药的相关记载始见于战国时期的《墨子》。该书《贵义》篇曰："譬若药然，草之本，天子食之，以顺其疾。"汉·许慎《说文解字》："药（'藥'），治病草，从草，乐声。"起初我国只有植物药的概念，将可治疗疾病的"草"称为"药"，"药""草"同义。因此"本草咖啡"也可以简称为"草咖啡"。

咖啡亦本草 —— 茶亦本草 —— 华夫亦本草

《中华本草》中记载，咖啡为茜草科植物小果咖啡、中果咖啡及大果咖啡的种子；味微苦，涩，性平；能醒神，利尿，健胃；主治精神倦怠和食欲不振。茶为山茶科植物茶的芽叶；味苦，甘，性凉；能清头目，除烦渴，消食，化痰，利尿，解毒；主头痛，目昏，目赤，多睡善寐，感冒，心烦口渴，食积，口臭，痰喘，癫痫，小便不利，泻痢，喉肿，疮疡疔肿，水火烫伤等。华夫的主要成分为小麦，小麦为禾本科植物小麦的种子或其面粉；味甘，性凉；能养心，益肾，除热，止渴；主脏躁，烦热，消渴，泄利，痈肿，外伤出血，烫伤等。可见咖啡亦本草，茶亦本草，华夫亦本草。

本草咖啡的制作

本草咖啡的制作方法与咖啡制作的方法相似，主要有萃取法、滴漏法、手冲法等。

萃取法

　　取本草和咖啡豆，根据配方量进行称量；然后将质地坚硬的本草（红参、甘草、茯苓等）放入电动研磨器中，先进行初步研磨；待本草变成粗粉，加入咖啡豆和轻质的本草（薄荷、玫瑰、丁香等），一并研磨成中细粉；将粉末放入意式咖啡机的粉碗内，用压粉器压实，根据个人口感和喜好，每20g粉萃取1~2杯。

　　以红参咖啡的制作为例见下图：

称量

研磨

装粉

压粉

萃取

滴漏法

　　取本草和咖啡豆，根据配方量进行称量；然后将质地坚硬的本草（红参、甘草、茯苓等）放入电动研磨器中，先进行初步研磨；待本草变成粗粉，加入咖啡豆和轻质的本草（薄荷、玫瑰、丁香等），一并研磨成中细粉；将粉末放入美式咖啡机的滤网内，根据个人口感和喜好，可以加入10~25倍水量。经滴漏后，分杯后即可饮用。

　　以红参咖啡的制作为例见下图：

称量

装粉

研磨

滴漏

手冲法

　　取本草和咖啡豆，根据配方量进行称量；然后将质地坚硬的本草（红参、甘草、茯苓等）放入电动研磨器中，先进行初步研磨；待本草变成粗粉，加入咖啡豆和轻质的本草（薄荷、玫瑰、丁香等），一并研磨成中细粉；在滤杯中放入滤纸，滴水至滤纸贴服；将研磨好的粉末放入滤杯内，缓缓冲入95℃左右的热水，待有水滴从粉堆的底部滴下停止冲水，闷蒸30秒让本草咖啡粉充分吸水膨胀；从粉堆中心开始自内向外缓慢螺旋冲水，加到咖啡粉圈的3/4时再由外向内冲水，根据个人口感和喜好，可反复手冲至10~25倍水量，分杯后即可饮用。

　　以红参咖啡的制作为例见下图：

称量

研磨

手冲

装粉

闷蒸

本草茶的制作

本草茶的制作方法与茶的烹制方法类似，主要有泡法、蒸法、煮法等。通常由质地轻盈的花类、叶类、全草类等本草，如金银花、蒲公英、藿香等搭配的本草茶，可以选择泡法和蒸法。而质地坚硬的根及根茎类、茎木类、皮类、果实种子类的本草，如丹参、刺五加、杜仲、覆盆子等搭配的本草茶，可以选择煮法。

泡 法

　　取本草和茶，根据配方量进行称量；向泡茶壶中注入沸水，烫壶后将水倒出；将称量好的本草茶一并放入泡茶壶中，注入沸水冲洗后将水倒出；向茶壶中注入沸水至目标量，浸泡4~6分钟；将本草茶倒入杯中即可饮用。

　　以玫瑰红茶的制作为例见下图：

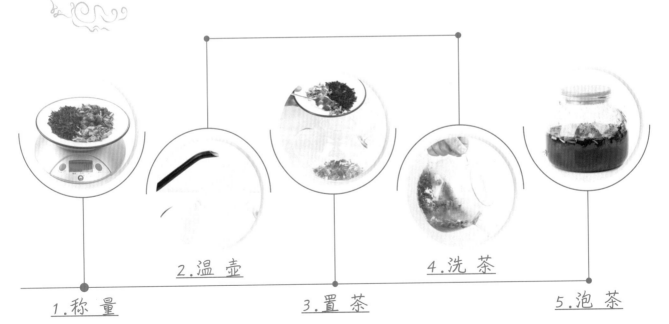

1.称量　　2.温壶　　3.置茶　　4.洗茶　　5.泡茶

蒸 法

　　取本草和茶，根据配方量进行称量；将称量好的本草茶一并放入茶壶中，注水冲洗后将水倒出；向蒸茶壶中注入水至目标量，蒸茶至水沸腾3~5分钟；将本草茶倒入杯中即可饮用。

　　以金银花红茶的制作为例见下图：

奶 茶

1.称 量

2.置 茶

3.洗 茶

4.蒸 茶

5.分 茶

蜜茶

煮法

　　取本草和茶，根据配方量进行称量；将称量好的本草茶一并放入煮茶壶中，注水冲洗后将水倒出；再次向茶壶中注水至目标量，煮茶至水沸腾3~5分钟；将本草茶倒入杯中即可饮用。

　　以覆盆子茶的制作为例见下图：

1.称 量

2.置 茶

3.洗 茶

4.蒸 茶

5.分 茶

本草华夫的制作

本草华夫是将本草粉加入华夫粉后制作而成的华夫，其制作方法与普通华夫的制作方法类似。

取本草，根据配方量称量；将本草放入磨粉机中，研磨成细粉；将本草粉与华夫粉混合，根据配方量加入鸡蛋和水，搅拌均匀；将华夫饼机预热后，将搅拌后的物料放入模具摊平；盖好华夫饼机，烘焙至华夫饼成金黄色；取出华夫饼，放入盘中即可食用。

以当归桃仁华夫的制作为例见下图：

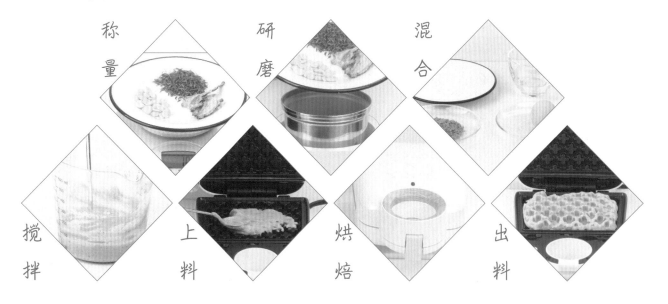

称量　研磨　混合

搅拌　上料　烘焙　出料

气虚体质者的选择

The choice of qi deficiency constitution

元气不足，以疲乏、气短、自汗等
气虚表现为主要特征。

总体特征

性格内向，
不喜冒险。

形体特征

气虚体质（B型）

心理特征

肌肉
松软
不实。

常见表现

发病倾向

平素语音低弱，气短懒言，
容易疲乏，精神不振，
易出汗，舌淡红，
舌边有齿痕，脉弱。

易患感冒、内脏下垂等病，
病后康复缓慢。

红景天咖啡及其茶

红景天咖啡

Rhodiola Coffee

配方：红景天1g，甘草1g，咖啡豆18g。

制作：取红景天、甘草，合并磨成粗粉，再加入咖啡豆，中细研磨。萃取、滴漏或者手冲，可得2杯咖啡。

功效：益气活血，通脉清肺，提神醒脑。

释义：红景天补气清肺，益智养心，为君；咖啡提神醒脑，为臣；甘草益气润中，为佐使；三者相得，功效益彰。

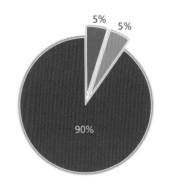

5%　5%

90%

■ 红景天

■ 甘草

■ 咖啡豆

景天芪茶

Rhodiola and Astragalus Tea

配方：红景天10g，黄芪10g，蜂蜜30g，水500g。

制作：取红景天、黄芪，置煮茶器具内，加水煮至沸腾
5分钟。取茶汤，加入蜂蜜，搅拌均匀。

功效：益气固表，升阳和血。

释义：二者均为益气佳品，擅通调血脉，相须为用，红
景天主入肺经，黄芪主入肺脾经，母子相生，加以
蜂蜜调和，共奏调畅周身气血、提振正气之功。

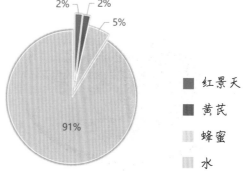

2%　2%
5%
91%

■ 红景天
■ 黄芪
□ 蜂蜜
□ 水

景天红茶

Black Tea with Rhodiola

配方：红景天5g，大枣（片）5g，红茶10g，水500g。

制作：取红景天、大枣、红茶，置煮茶器具内，加水煮
至沸腾5分钟。结合口感，可以加入牛奶，调制成
奶茶饮用。

功效：益气养血，补土温胃，提神消疲。

释义：大枣甘温养血，血能养气，提升红景天益气功效，
与红茶相合，共奏消除疲劳、强身健骨、延缓衰
老之效。

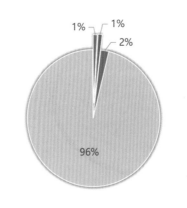

1% 1%
2%
96%

■ 红景天
■ 大枣
■ 红茶
■ 水

红景天华夫

Rhodiola Waffle

配方：红景天5g，大枣5g，华夫粉90g，鸡蛋50g(1个)，水25g。

制作：取红景天、大枣，研磨成细粉。合并华夫粉加入
容器内，混合均匀。再加入鸡蛋、水，搅拌均匀。
倒入模具，烘焙至成熟。

功效：益气养血，和胃安神。

释义：胃和则神安，红景天与大枣在增加华夫饼香醇
口味的同时，还可充养气血，补益中焦。

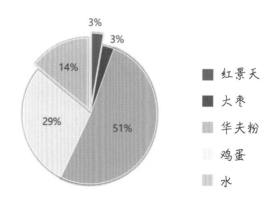

3%
3%
14%
29%
51%

■ 红景天
■ 大枣
■ 华夫粉
■ 鸡蛋
■ 水

红景天 Hongjingtian

Rhodiolae Crenulatae Radix et Rhizoma

本品为景天科植物大花红景天 *Rhodiola crenulata*（Hook. f. et Thoms.）H. Ohba的干燥根和根茎。

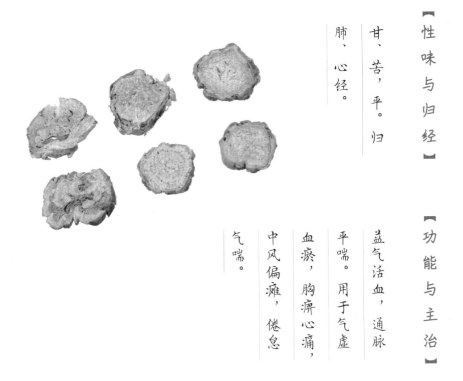

【性味与归经】

甘、苦，平。归肺、心经。

【功能与主治】

益气活血，通脉平喘。用于气虚血瘀，胸痹心痛，中风偏瘫，倦怠气喘。

甘草 *Gancao*

Glycyrrhizae Radix et Rhizoma

本品为豆科植物甘草 *Glycyrrhiza uralensis Fisch.*、胀果甘草 *Glycyrrhiza inflata Bat.* 或光果甘草 *Glycyrrhiza glabra L.* 的干燥根和根茎。

【性味与归经】

甘，平。归心、肺、脾、胃经。

【功能与主治】

补脾益气，清热解毒，祛痰止咳，缓急止痛，调和诸药。用于脾胃虚弱，倦怠乏力，心悸气短，咳嗽痰多，脘腹、四肢挛急疼痛，痈肿疮毒，缓解药物毒性、烈性。

黄芪 *Huangqi*

Astragali Radix

本品为豆科植物蒙古黄芪 *Astragalus membranaceus*（Fisch.）Bge.var.*mongholicus*（Bge.）Hsiao 或膜荚黄芪 *Astragalus membranaceus*（Fisch.）Bge.的干燥根。

【性味与归经】

甘，微温。归肺、脾经。

【功能与主治】

补气升阳，固表止汗，利水消肿，生津养血，行滞通痹，托毒排脓，敛疮生肌。用于气虚乏力，食少便溏，中气下陷，久泻脱肛，便血崩漏，表虚自汗，气虚水肿，内热消渴，血虚萎黄，半身不遂，痹痛麻木，痈疽难溃，久溃不敛。

大枣 Dazao

Jujubae Fructus

本品为鼠李科植物枣 *Ziziphus jujuba Mill.* 的干燥成熟果实。

【性味与归经】

甘，温。归脾、胃、心经。

【功能与主治】

补中益气，养血安神。用于脾虚食少，乏力便溏，妇人脏躁。

蜂蜜 Fengmi

Mel

本品为蜜蜂科昆虫中华蜜蜂 *Apis cerana Fabricius* 或意大利蜂
Apis mellifera Linnaeus 所酿的蜜。

【性味与归经】

甘，平。归肺、脾、大肠经。

【功能与主治】

补中，润燥，止痛，解毒；外用生肌敛疮。用于脘腹虚痛，肺燥干咳，肠燥便秘，解乌头类药毒；外治疮疡不敛，水火烫伤。

咖啡 Kafei

Coffee Cherry

本品为茜草科植物小果咖啡 *Coffea arabica* L.
中果咖啡 *Coffea canephora* Pierre ex Froehn.
及大果咖啡 *Coffea liberica* Bull. ex Hien.的种子。

【性味与归经】

微苦、涩，平。

归心、脾、胃经。

【功能与主治】

醒神，利尿，健

胃。主精神倦怠，

食欲不振。

茶叶 *Chaye*

Tea Leaves

本品为山茶科植物茶 *Camellia sinensis* (*L.*) O. *Kuntze*. 的嫩叶或嫩芽。

【性味与归经】

苦、甘，凉。归心、肺、胃、肾经。

【功能与主治】

清头目，除烦渴，消食，化痰，利尿，解毒。用于头痛，目昏，目赤，多睡善寐，感冒，心烦口渴，食积，口臭，痰喘，癫痫，小便不利，泻痢，喉肿，疮疡疖肿，水火烫伤等。

小麦 *Xiaomai*

Wheat Seed

本品为禾本科植物小麦 *Triticum aestivum L.* 的种子或其面粉。

【性味与归经】

甘，凉。归心、脾、肾经。

【功能与主治】

养心，益肾，除热，止渴。用于脏躁，烦热，消渴，泄利，痈肿，外伤出血，烫伤。

参咖啡及其茶

红参咖啡

Red Ginseng Coffee

配方：红参1g，甘草1g，咖啡豆18g。

制作：取红参、甘草，合并磨成粗粉，再加入咖啡豆，
　　　中细研磨。萃取、滴漏或者手冲，可得2杯咖啡。

功效：大补元气，扶正醒神。

释义：元气是人体生命活动的根本能量，红参为君，
　　　力补真元，咖啡为臣，提神醒脑，甘草为佐使，
　　　调和诸味。

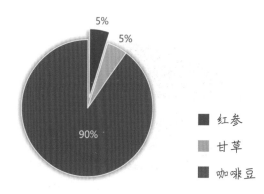

5%

5%

90%

■ 红参

■ 甘草

■ 咖啡豆

参枣红茶

Black Tea with Ginseng and Jujube

配方：参（人参或者红参）5g，大枣（片）5g，红茶10g，水500g。

制作：取参（人参或者红参）、大枣、红茶，置煮茶器具内，加水煮至沸腾5分钟。结合口感，可以加入牛奶，调制成奶茶饮用。

功效：气血双补，益中调神。

释义：人参为"千草之灵、百药之长"，补气力峻，得大枣调和并益气补血之功，合之红茶提神消疲、生津益胃。

1% 1%
2%
96%

■ 红参
■ 大枣
■ 红茶
■ 水

参花蜜茶

Honey Tea with Ginseng Flower

配方：人参花3g，黄芪5g，蜂蜜30g，水500g。

制作：取人参花、黄芪，置煮茶器具内，加水煮至沸腾5分钟。取茶汤，加入蜂蜜，搅拌均匀。

功效：补气强身，固表抗衰。

释义："正气存内，邪不可干"，人参花与黄芪相须为用，补益人体正气，以蜂蜜甘润调和，增强体质，延缓衰老。

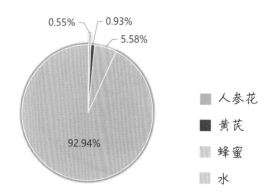

0.55%　0.93%

5.58%

92.94%

■ 人参花
■ 黄芪
▨ 蜂蜜
▨ 水

参蓝茶

Ginseng Tea with Gynostemma Pentaphyllum

配方：人参叶3g，绞股蓝3g，甘草5g，水500g。

制作：取人参叶、绞股蓝、甘草，置蒸茶器内，加水蒸至沸腾5分钟。

功效：益气健脾，清热解毒。

释义：人参叶与绞股蓝均味甘偏寒凉，配甘草兼具调和、解毒之功，在补气的基础上，清解人体内热毒。

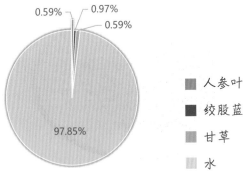

0.59%　0.97%

0.59%

97.85%

人参叶

绞股蓝

甘草

水

参蓝蜜茶

Honey Tea with Ginseng and Gynostemma Pentaphyllum

配方：西洋参5g，绞股蓝3g，蜂蜜30g，水500g。

制作：取西洋参片、绞股蓝，置泡茶器具内，加入开水，
　　　浸泡5分钟。取茶汤，加入蜂蜜，搅拌均匀。

功效：补气养阴，清热生津。

释义：西洋参配绞股蓝，气阴双补，性凉，补而不燥，
　　　二者清香味甘，佐以蜂蜜，养阴生津。

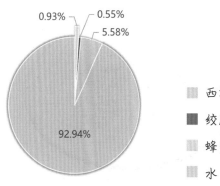

0.93%　　0.55%
5.58%

92.94%

西洋参
绞股蓝
蜂蜜
水

参华夫

Ginseng Waffle

配方：人参或红参或西洋参5g，大枣5g，华夫粉90g，鸡蛋
　　　50g（1个），水20g。

制作：取人参或红参或西洋参、大枣，研磨成细粉。合并
　　　华夫粉加入容器内，混合均匀。再加入鸡蛋、水，
　　　搅拌均匀。倒入模具，烘焙至成熟。

功效：双补气血，和胃安中。

释义：参与大枣味甘美以增色华夫饼，同时充养气血，
　　　调理中焦脾胃。

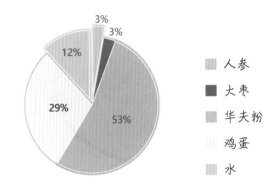

3%
3%
12%
29%
53%

■ 人参
■ 大枣
■ 华夫粉
■ 鸡蛋
■ 水

人参 *Renshen*

Ginseng Radix et Rhizoma

本品为五加科植物人参 *Panax ginseng C.A.Mey.* 的干燥根和根茎。

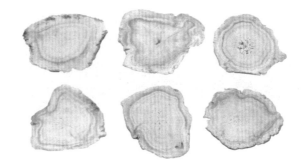

【性味与归经】

甘、微苦，微温。

归脾、肺、心、肾经。

【功能与主治】

大补元气，复脉固脱，补脾益肺，生津养血，安神益智。用于体虚欲脱，肢冷脉微，脾虚食少，肺虚喘咳，津伤口渴，内热消渴，气血亏虚，久病虚羸，惊悸失眠，阳痿宫冷。

人参叶 Renshenye

Ginseng Folium

本品为五加科植物人参 *Panax ginseng C.A.Mey.* 的干燥叶。

【性味与归经】

苦、甘，寒。

归肺、胃经。

【功能与主治】

补气，益肺，祛

暑，生津。用于

气虚咳嗽，暑热

烦躁，津伤口渴，

头目不清，四肢

倦乏。

人参花 *Renshenhua*

Ginseng Florum

本品为五加科植物人参 *Panax ginseng C.A.Mey.* 的花序。

【性味与归经】

甘、微苦，微温。

归脾、肺、心、肾经。

【功能与主治】

补气强身，延缓衰老。用于头昏乏力，胸闷气短。

红参 *Hongshen*

Ginseng Radix et Rhizoma Rubra

本品为五加科植物人参 *Panax ginseng C. A. Mey.*的栽培品经蒸制后的干燥根和根茎。

【性味与归经】

甘、微苦，温。

归脾、肺、心、肾经。

【功能与主治】

大补元气，复脉固脱，益气摄血。用于体虚欲脱，肢冷脉微，气不摄血，崩漏下血。

西洋参　*Xiyangshen*

Panacis Quinquefolii Radix

本品为五加科植物西洋参 *Panax quinquefolium L.* 的干燥根。

【性味与归经】

甘、微苦，凉。

归心、肺、肾经。

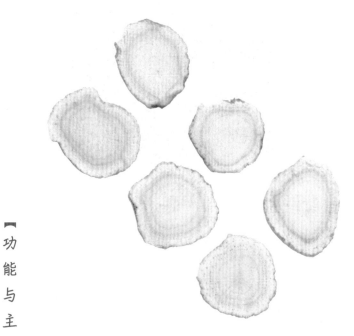

【功能与主治】

补气养阴，清热生津。用于气虚阴亏，虚热烦倦，咳喘痰血，内热消渴，口燥咽干。

绞股蓝 Jiaogulan

Fiveleaf Gynostemma Herb

本品为葫芦科植物绞股蓝 Gynostemma pentaphyllum（Thunb.）Makino 的干燥全草。

【性味与归经】

苦、微甘，凉。

归肺、脾、肾经。

【功能与主治】

益气健脾，化痰止咳，清热解毒。用于体虚乏力，虚劳失精，白细胞减少症，高脂血症，病毒性肝炎，慢性胃肠炎，慢性气管炎。

五加咖啡及其茶

五加咖啡

Acanthopanax Senticosus Coffee

配方：刺五加1g，甘草1g，咖啡豆18g。

制作：取刺五加、甘草，合并磨成粗粉，再加入咖啡豆，
　　　中细研磨。萃取、滴漏或者手冲，可得2杯咖啡。

功效：补气健脾，益肾调神。

释义：刺五加补益脾肾，甘草补脾调中；刺五加安神，
　　　咖啡醒神，二者相反相成，调神宁志。

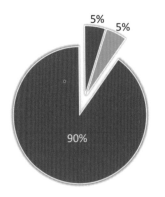

5%　5%

90%

■ 刺五加

■ 甘草

■ 咖啡豆

五加枣茶

Jujube Tea with Acanthopanax Senticosus

配方：刺五加5g，大枣（片）5g，红茶10g，水500g。

制作：取刺五加、大枣、红茶，置煮茶器具内，加入水，煮至沸腾5分钟。结合口感，可以加入牛奶，调制成奶茶饮用5分钟。取茶汤，加入蜂蜜，搅拌均匀。

功效：益气健脾，养血调神。

释义：神赖气血滋养，刺五加配大枣，气血同补，与红茶同用，提升正气，增强体质。

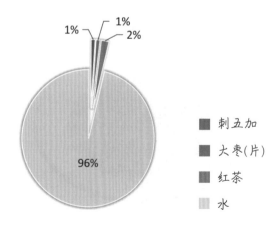

1%
1%
1%
2%
96%

■ 刺五加
■ 大枣(片)
■ 红茶
■ 水

五加奶茶

Milky Tea with Acanthopanax Senticosus

配方：刺五加红茶15g，白砂糖50g，水500g，牛奶200g。

制作：取刺五加红茶，置蒸茶器具内，加入水，蒸制沸腾5分钟。取茶汤，加入白砂糖、牛奶搅拌均匀。

功效：益气安神，强身健体。

释义：牛奶富含多种营养物质，与本草刺五加红茶合用，二者协同提升强健功效。

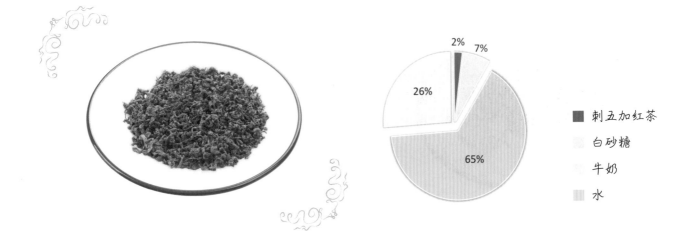

2% 7%

26%

65%

■ 刺五加红茶
  白砂糖
  牛奶
  水

五加蜜茶

Honey Tea with Acanthopanax Senticosus

配方：刺五加叶5g，甘草5g，蜂蜜30g，水500g。

制作：取刺五加叶、甘草，置蒸茶器具内，加入水，蒸
　　　制沸腾5分钟。取茶汤，加入蜂蜜，搅拌均匀。

功效：益气健脾，清热解毒。

释义：刺五加微苦，制以甘草之甘，佐以蜂蜜甘润，可
　　　补益中焦脾胃，清解人体热毒。

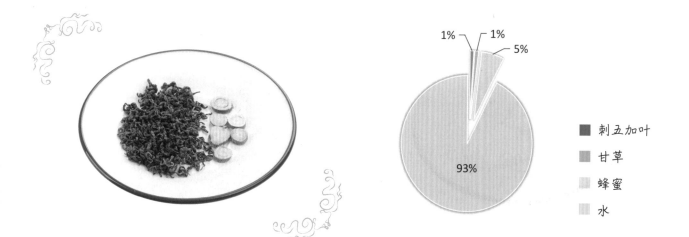

1%　1%　5%

93%

■ 刺五加叶

■ 甘草

■ 蜂蜜

■ 水

五加华夫

Acanthopanax Senticosus Waffle

配方：刺五加10g，华夫粉90g，鸡蛋50g（1个），水20g。

制作：取刺五加，研磨成细粉。合并华夫粉加入容器内，混合均匀。再加入鸡蛋、水，搅拌均匀。倒入模具，烘焙至成熟。

功效：益气健脾，补肾安神。

释义：刺五加的功效融入华夫饼的香醇，调理中焦脾胃兼安神益肾。

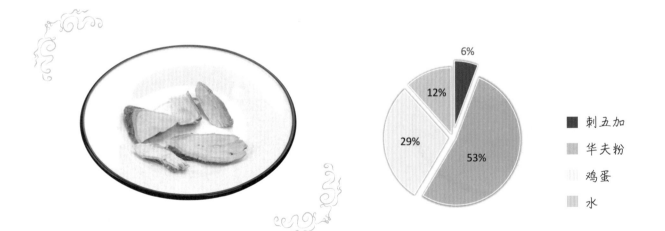

- ■ 刺五加
- 华夫粉
- 鸡蛋
- 水

6%

12%

29%

53%

刺五加 *Ciwujia*

Acanthopanacis Senticosi Radix et Rhizoma seu Caulis

本品为五加科植物刺五加 *Acanthopanax senticosus*（*Rupr.et Maxim.*）*Harms* 的干燥根和根茎或茎。

【性味与归经】

辛、微苦，温。

归脾、肾、心经。

【功能与主治】

益气健脾，补肾安神。用于脾肺气虚，体虚乏力，食欲不振，肺肾两虚，久咳虚喘，肾虚腰膝酸痛，心脾不足，失眠多梦。

刺五加叶 Ciwujiaye

Acanthopanacis Senticosi Folium

本品为五加科植物刺五加 Acanthopanax senticosus（Rupr.et Maxim.）Harms的干燥叶。

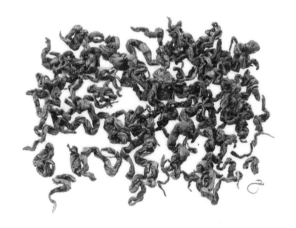

【性味与归经】

辛、微苦，温。

归脾、肾、心经。

【功能与主治】

益气健脾，补肾安神。用于脾肺气虚，体虚乏力，食欲不振，肺肾两虚，久咳虚喘，肾虚腰膝酸痛，心脾不足，失眠多梦。

刺五加籽 *Ciwujiazi*

Acanthopanacis Senticosi Frutum

本品为五加科植物刺五加 *Acanthopanax senticosus*（*Rupr.et Maxim.*）*Harms*的干燥果实。

【性味与归经】

辛、微苦，温。

归脾、肾、心经。

【功能与主治】

益气健脾，补肾安神。用于脾肺气虚，体虚乏力，食欲不振，肺肾两虚，久咳虚喘，肾虚腰膝酸痛，心脾不足，失眠多梦。

白术咖啡及其茶

白术咖啡

Atractylodes Macrocephala Coffee

配方：白术1g，陈皮1g，甘草1g，咖啡豆17g。

制作：取白术、陈皮、甘草，合并磨成粗粉，再加入咖啡豆，中细研磨。萃取、滴漏或者手冲，可得2杯咖啡。

功效：健脾益气，燥湿醒神。

释义：白术与陈皮相配，补气理气兼能燥湿，合甘草重在健脾气，湿易困阻心神，咖啡清心醒神。

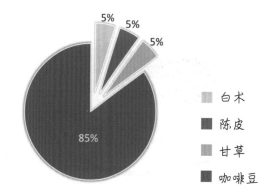

5% 5% 5%

85%

白术
陈皮
甘草
咖啡豆

白术红茶

Black Tea with Atractylodes Macrocephala

配方：白术5g，党参5g，陈皮5g，红茶5g，水500g。

制作：取白术、党参、陈皮、红茶，置煮茶器具内，煮至沸腾5分钟。结合口感，可以加入牛奶，调制成奶茶饮用。

功效：补中益气，和血调神。

释义：白术与党参协同增强补气效力，陈皮理气，使前两者补而不滞，党参兼能养血，与红茶相配，共奏和血调神之功。

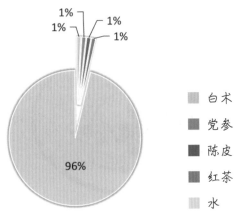

1%　1%
1%　1%
96%

白术
党参
陈皮
红茶
水

白术参苓茶

Atractylodes Macrocephala Tea with Ginseng and Poria Cocos

配方：白术5g，人参5g，茯苓5g，甘草5g，蜂蜜30g，
　　　水500g。

制作：取白术、人参、茯苓、甘草，置煮茶器具内，煮
　　　至沸腾5分钟。取茶汤，加入蜂蜜，搅拌均匀。

功效：益气健脾，渗湿和胃。

释义：人参擅补脾胃之气，白术、茯苓健脾兼燥湿渗湿，
　　　甘草调和，培补中焦脾胃。

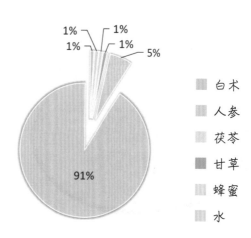

1% 1%
1% 1% 5%

91%

白术
人参
茯苓
甘草
蜂蜜
水

白术太子蜜茶

Honey Tea with Atractylodes Macrocephala and Radix Pseudostellariae

配方：白术10g，太子参10g，蜂蜜30g，水500g。

制作：取白术、太子参，置煮茶器具内，煮至沸腾5分钟。
取茶汤，加入蜂蜜，搅拌均匀。

功效：益气健脾，生津润肺。

释义：白术健脾，脾五行属土，太子参兼润肺，二者合
用，培土生金，肺脾同调同补。

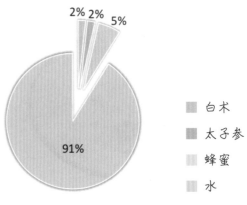

2% 2% 5%

91%

白术
太子参
蜂蜜
水

白术华夫

Atractylodes Macrocephala Waffle

配方： 白术5g，党参（或太子参）5g，华夫粉90g，鸡蛋
50g（1个），水20g。

制作： 取白术、党参，研磨成细粉。合并华夫粉加入容
器内，混合均匀。再加入鸡蛋、水，搅拌均匀。
倒入模具，烘焙至成熟。

功效： 补气益中，健脾和胃。

释义： 白术、党参与华夫相合，直入中焦脾胃，更增补
益调理中焦脾胃之功。

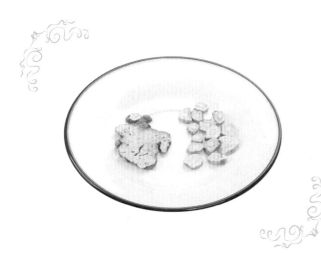

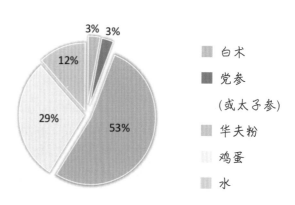

3% 3%

12%

29%

53%

■ 白术

■ 党参
（或太子参）

■ 华夫粉

■ 鸡蛋

■ 水

白术 Baizhu

Atractylodis Macrocephalae Rhizoma

本品为菊科植物白术 *Atractylodes macrocephala* Koidz.的干燥根茎。

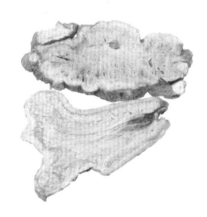

【性味与归经】

苦、甘，温。归脾、胃经。

【功能与主治】

健脾益气，燥湿利水，止汗，安胎。用于脾虚食少，腹胀泄泻，痰饮眩悸，水肿，自汗，胎动不安。

党参 Dangshen

Codonopsis Radix

本品为桔梗科植物党参*Codonopsis pilosula*（*Franch.*）*Nannf.*、素花党参 *Codonopsis pilosula Nannf.var.modesta* （*Nannf.*）*L.t.Shen*或川党参 *Codonopsis tangshen Oliv.*的干燥根。

【性味与归经】

甘，平。归脾、肺经。

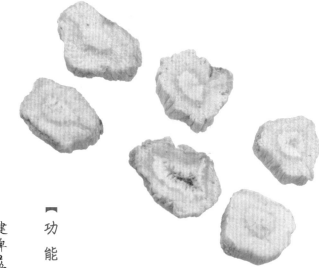

【功能与主治】

健脾益肺，养血生津。用于脾肺气虚，食少倦怠，咳嗽虚喘，气血不足，面色萎黄，心悸气短，津伤口渴，内热消渴。

太子参 Taizishen

Pseudostellariae Radix

本品为石竹科植物孩儿参 *Pseudostellaria heterophylla*（Miq.）
Pax ex Pax et Hoffm. 的干燥块根。

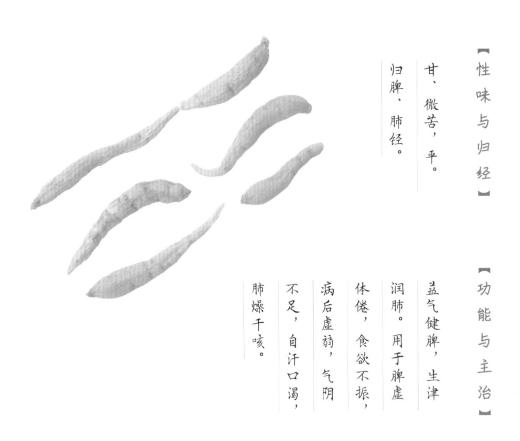

【性味与归经】

甘、微苦，平。

归脾、肺经。

【功能与主治】

益气健脾，生津

润肺。用于脾虚

体倦，食欲不振，

病后虚弱，气阴

不足，自汗口渴，

肺燥干咳。

阴虚体质者的选择

The choice of yin deficiency constitution

阴液亏少，以口燥咽干、手足心热等
虚热表现为主要特征。

总体特征

耐冬不耐夏，
不耐受暑热、燥邪。

形体特征

阴虚体质（D型）

适应能力

形体偏瘦。

常见表现

发病倾向

手足心热，口燥咽干，
鼻微干,喜冷饮，大便干燥，
舌红少津，脉细数。

易患虚劳、失精、不寐等病，
感邪易从热化。

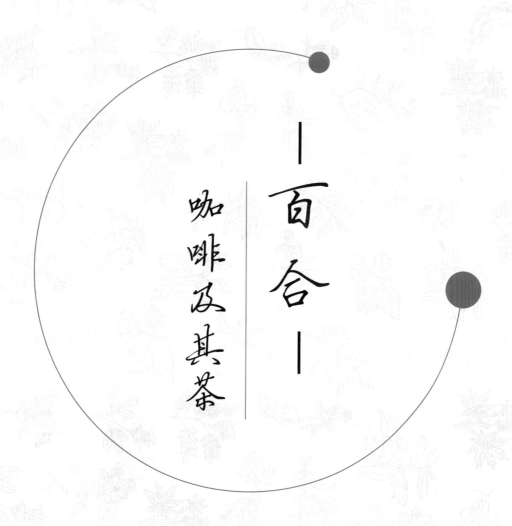

百合

咖啡及其茶

百合咖啡

Lily Coffee

配方：百合1g，竹茹1g，甘草1g，咖啡豆17g，蜂蜜30g。

制作：取百合、竹茹、甘草，合并磨成粗粉，再加入咖啡豆，中细研磨。萃取、滴漏或者手冲后，加蜂蜜调和，可得2杯咖啡。

功效：养阴润肺，清心调神。

释义："阴平阳秘，精神乃治"，阴虚不能制约于阳，则内热生，肺阴虚则易致燥咳，心阴虚则烦躁，百合擅养肺阴，竹茹擅清心除烦，两者相须为用，以甘草调和，借咖啡醒脑提神之功以养阴润肺、清心调神。

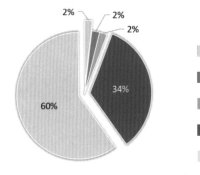

2%　2%　2%

60%　34%

- 百合
- 竹茹
- 甘草
- 咖啡豆
- 蜂蜜

百合远志蜜茶

Honey Tea with Lily and Polygala Tenuifolia

配方：百合5g，远志5g，刺五加叶红茶10g，蜂蜜30g，
水500g。

制作：取百合、远志、刺五加叶红茶，置煮茶器内，煮
至沸腾5分钟。取茶汤，加入蜂蜜，搅拌均匀。

功效：养阴清心，交通心肾。

释义：心五行属火，肾五行属水，心火下温肾水，肾水
上济心火，是为"水火既济"的健康态。百合、
远志同用养阴清心，远志、刺五加同用补益肾水，
加蜂蜜调和，共调心肾，可纠虚烦失眠多梦，精神
恍惚之偏。

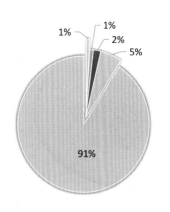

1%　1%
2%
5%
91%

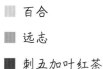
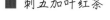

百合

远志

刺五加叶红茶

蜂蜜

水

百合酸枣仁奶茶

Milky Tea with Lily and Semen Ziziphi Spinosae

配方：百合10g，酸枣仁10g，蜂蜜30g，牛奶200g，水500g。

制作：取百合、酸枣仁，置煮茶器内，煮至沸腾5分钟。
取茶汤，加入蜂蜜、牛奶，搅拌均匀。

功效：养阴宁心，安神益智。

释义：阴虚生内热，无热不作烦，阴虚之人最易烦躁
失眠、心神不宁，百合、酸枣仁尤擅养心安神，
配合牛奶、蜂蜜增效，共奏安神解郁之效。

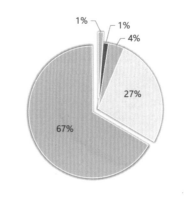

1% 1%
4%
27%
67%

■ 百合
■ 酸枣仁
■ 蜂蜜
牛奶
水

百合华夫

Lily Waffle

配方：百合5g，远志5g，酸枣仁5g，华夫粉85g，鸡蛋50g
（1个），水20g。

制作：取百合、远志、酸枣仁，研磨成细粉。合并华夫粉
加入容器内，混合均匀。再加入鸡蛋、水，搅拌
均匀。倒入模具，烘焙至成熟。

功效：养阴宁心，安神益智。

释义：心神得养，脾胃安和，是良好睡眠的要素，百合、
远志、酸枣仁协力养心清心、安神定志，华夫和
胃调脾，四者配合，改善睡眠之功尤著。

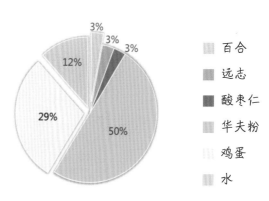

- 百合
- 远志
- 酸枣仁
- 华夫粉
- 鸡蛋
- 水

3%

3%

3%

12%

29%

50%

百合 Baihe

Lilii Bulbus

本品为百合科植物卷丹 *Lilium lancifolium Thunb.*、百合 *Lilium brownii F.E.Brown var.viridulum Baker* 或细叶百合 *Lilium pumilum DC.* 的干燥肉质鳞叶。

【性味与归经】 甘，寒。归心、肺经。

【功能与主治】 养阴润肺，清心安神。用于阴虚燥咳，劳嗽咳血，虚烦惊悸，失眠多梦，精神恍惚。

竹茹 *Zhuru*

Bambusae Caulis in Taenias

本品为禾本科植物青秆竹*Bambusa tuldoides* Munro、大头典竹*Sinocalamus beecheyanus*（Munro）*McClure var.pubescens* P.F.Li 或淡竹*Phyllostachys nigra*（Lodd.）*Munro var. henonis*（Mitf.）*Stapf ex Rendle*的茎秆的干燥中间层。

【性味与归经】 甘，微寒。归肺、胃、心、胆经。

【功能与主治】 清热化痰，除烦，止呕。用于痰热咳嗽，胆火夹痰，惊悸不宁，心烦失眠，中风痰迷，舌强不语，胃热呕吐，妊娠恶阻，胎动不安。

远志 *Yuanzhi*

Polygalae Radix

本品为远志科植物远志*Polygala tenuifolia Willd.*或卵叶远志*Polygala sibirica L.*的干燥根。

【性味与归经】 苦、辛，温。归心、肾、肺经。

【功能与主治】 安神益智，交通心肾，祛痰，消肿。
用于心肾不交引起的失眠多梦、健忘惊悸、神志恍惚，咳痰不爽，疮疡肿毒，乳房肿痛。

酸枣仁 *Suanzaoren*

Ziziphi Spinosae Semen

本品为鼠李科植物酸枣*Ziziphus jujuba Mill . var . spinosa*
（*Bunge*）*Hu ex H . F . Chou*的干燥成熟种子。

【性味与归经】 甘、酸，平。归肝、胆、心经。

【功能与主治】 养心补肝，宁心安神，敛汗，生津。
用于虚烦不眠，惊悸多梦，体虚多汗，
津伤口渴。

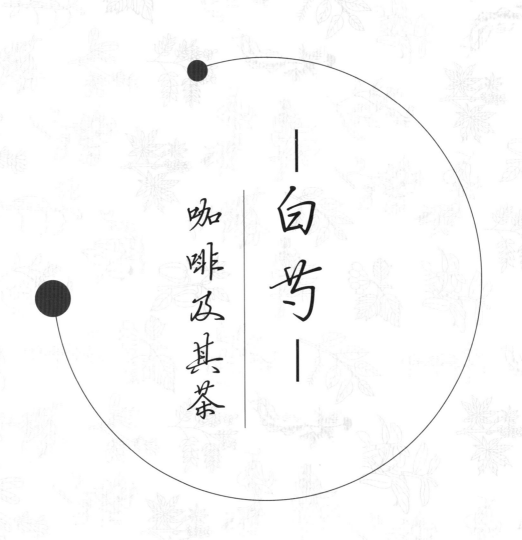

白芍

咖啡及其茶

白芍咖啡

Radix Paeoniae Alba Coffee

配方：白芍1g，生地黄1g，甘草1g，咖啡豆17g。

制作：取白芍、生地黄、甘草，合并磨成粗粉，再加入
　　　咖啡豆，中细研磨。萃取、滴漏或者手冲，可得
　　　2杯咖啡。

功效：养血调经，养阴生津。

释义：阴血的充养是保障女性特有生理功能如月经、胎
　　　产的基石，女性面色的荣润亦有赖于阴血的濡润
　　　滋养，白芍、生地黄滋养肝肾精血，甘草调和，
　　　融入咖啡，在提神醒脑的同时，能够养血养颜，
　　　调理月经。

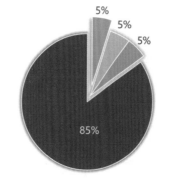

5%
5%
5%
85%

■ 白芍
■ 生地黄
■ 甘草
■ 咖啡豆

白芍红茶

Black Tea with Radix Paeoniae Alba

配方：白芍5g，熟地黄5g，刺五加叶红茶10g，红糖30g，
水500g。

制作：取白芍、熟地黄、刺五加叶红茶、红糖，置煮茶
器具内，加水煮至沸腾5分钟。

功效：补血填精，养阴调经。

释义：肝藏血，肾藏精，精血同源，白芍养肝柔肝，熟
地黄益肾填精，加刺五加亦能充养肝肾，红糖养
血调味，共奏补肝肾、益精血之功。

1%
1%
2%
5%
91%

■ 白芍

■ 熟地黄

■ 刺五加叶红茶

红糖

水

白芍华夫

Radix Paeoniae Alba Waffle

配方：白芍5g，生地黄5g，枸杞子5g，华夫粉85g，鸡蛋50g（1个），水20g。

制作：取白芍、生地黄、枸杞子，研磨成细粉。合并华夫粉加入容器内，混合均匀。再加入鸡蛋、水，搅拌均匀。倒入模具，烘焙至成熟。

功效：补肝益肾，益阴养血。

释义：肝肾亏虚、精血不足则女性易致血虚萎黄，心悸怔忡，月经不调，男性易致腰膝酸软，盗汗遗精，白芍、生地黄、枸杞子协同滋养肝肾之阴，与华夫相合，食以疗之。

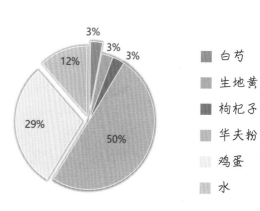

- 白芍
- 生地黄
- 枸杞子
- 华夫粉
- 鸡蛋
- 水

50%

29%

12%

3%

3%

3%

白芍 *Baishao*

Paeoniae Radix Alba

本品为毛茛科植物芍药 *Paeonia lactiflora Pall*.的干燥根。

【性味与归经】 苦、酸，微寒。归肝、脾经。

【功能与主治】 养血调经，敛阴止汗，柔肝止痛，平
抑肝阳。用于血虚萎黄，月经不调，
自汗，盗汗，胁痛，腹痛，四肢挛痛，
头痛眩晕。

生地黄 *Shengdihuang*

Rehmanniae Radix

本品为玄参科植物地黄 *Rehmannia glutinosa Libosch*.的干燥块根。

【性味与归经】 甘，寒。归心、肝、肾经。

【功能与主治】 清热凉血，养阴生津。用于热入营血，温毒发斑，吐血衄血，热病伤阴，舌绛烦渴，津伤便秘，阴虚发热，骨蒸劳热，内热消渴。

熟地黄 *Shudihuang*

Rehmanniae Radix Praeparata

本品为生地黄的炮制加工品。

【性味与归经】 甘，微温。归肝、肾经。

【功能与主治】 补血滋阴，益精填髓。用于血虚萎黄，
心悸怔忡，月经不调，崩漏下血，肝肾
阴虚，腰膝酸软，骨蒸潮热，盗汗遗精，
内热消渴，眩晕，耳鸣，须发早白。

枸杞子 Gouqizi

Lycii Fructus

本品为茄科植物宁夏枸杞 *Lycium barbarum L.* 的干燥成熟果实。

【性味与归经】 甘，平。归肝、肾经。

【功能与主治】 滋补肝肾，益精明目。用于虚劳精亏，
腰膝酸痛，眩晕耳鸣，阳痿遗精，内热
消渴，血虚萎黄，目昏不明。

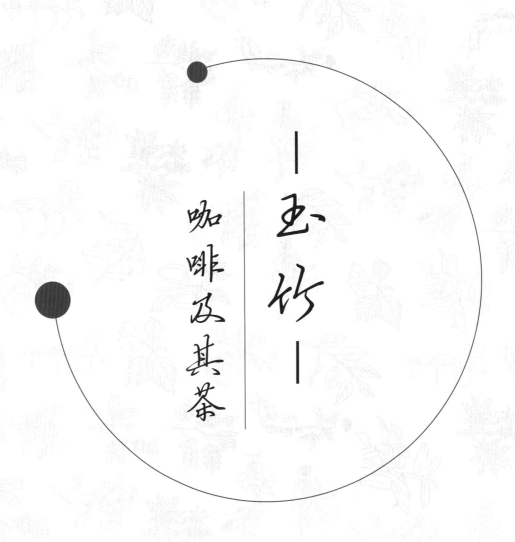

玉竹

咖啡及其茶

玉竹咖啡

Polygonatum Odoratum Coffee

配方：玉竹2g，甘草1g，咖啡豆17g。

制作：取玉竹、甘草，合并磨成粗粉，再加入咖啡豆，
　　　中细研磨。萃取、滴漏或者手冲，可得2杯咖啡。

功效：养阴生津，润燥醒神。

释义：玉竹长于滋养肺胃之阴，对预防及调整燥热伤肺
　　　干咳，胃阴不足咽干易渴卓有功效，配合甘草调
　　　和，融入咖啡，醒神亦养阴。

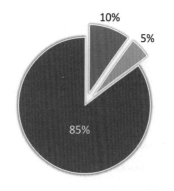

10%

5%

85%

■ 玉竹

■ 甘草

■ 咖啡豆

玉竹乌梅红茶

Black Tea with Polygonatum Odoratum and Dark Plum

配方：玉竹5g，乌梅5g，甘草5g，红茶10g，冰糖50g，水500g。

制作：取玉竹、乌梅、甘草、红茶、冰糖，置煮茶器具内，加水煮至沸腾5分钟。

功效：养阴润燥，生津止渴。

释义：胃阴亏虚之人，津液不能上承于口，易致口干口渴，胃中嘈杂，消谷善饥，玉竹、乌梅擅长滋养胃阴，与红茶相合，和胃敛阴，生津止渴。

玉竹
乌梅
甘草
红茶
冰糖
水

1%
1%
1%
2%
8%
87%

玉竹五味蜜茶

Honey Tea with Polygonatum Odoratum and Schisandra Chinensis

配方：玉竹10g，五味子5g，刺五加籽5g，甘草3g，蜂蜜
30g，水500g。

制作：取玉竹、五味子、刺五加籽、甘草，置煮茶器具
内，加水煮至沸腾5分钟。取茶汤，加入蜂蜜，
搅拌均匀。

功效：收敛固涩，益气生津，补肾宁心。

释义：阴虚的表现之一是人体内阴液的异常损失，如梦
遗滑精，遗尿尿频，久泻不止，自汗盗汗，津伤
口渴等，玉竹与五味子、刺五加相配，养阴的同
时加强了收敛固涩的作用，可用于调理上述诸症。

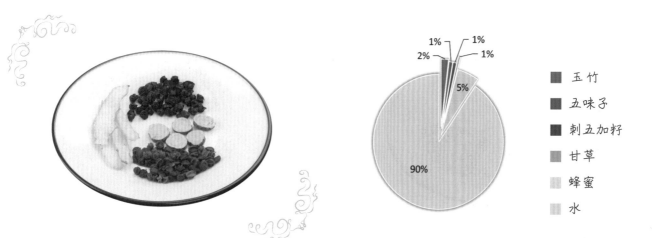

■	玉竹
■	五味子
■	刺五加籽
■	甘草
■	蜂蜜
■	水

1% 1%
2% 1%
5%
90%

玉竹石斛华夫

Polygonatum Odoratum Waffle with Dendrobe

配方：玉竹5g，石斛5g，山药5g，华夫粉85g，鸡蛋50g（1个），水20g。

制作：取玉竹、石斛、山药研磨成细粉，合并华夫粉加入容器内，混合均匀。再加入鸡蛋、水，搅拌均匀。倒入模具，烘焙至成熟，能烤制松饼或者华夫饼3~4枚。

功效：补脾养胃，生津益肺，补肾涩精。

释义：玉竹、石斛相配，尤擅长滋养胃阴，山药平补肺脾肾，又擅收敛固涩，融入华夫饼中，在养胃益胃的同时，充养肺脾肾之阴。

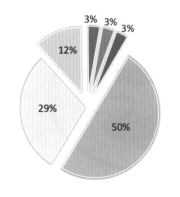

3% 3% 3%
12%
29%
50%

■ 玉竹
■ 石斛
■ 山药
■ 华夫粉
■ 鸡蛋
■ 水

玉竹 *Yuzhu*

Polygonati Odorati Rhizoma

本品为百合科植物玉竹 *Polygonatum odoratum*（Mill.）*Druce*
的干燥根茎。

【性味与归经】 甘，微寒。归肺、胃经。

【功能与主治】 养阴润燥，生津止渴。用于肺胃阴伤，
　　　　　　　　燥热咳嗽，咽干口渴，内热消渴。

石斛 *Shihu*

Dendrobii Caulis

本品为兰科植物金钗石斛*Dendrobium nobile Lindl*.、鼓槌石斛*Dendrobium chrysotoxum Lindl*.或流苏石斛*Dendrobium fimbriatum Hook*.的栽培品及其同属植物近似种的新鲜或干燥茎。

【性味与归经】 甘，微寒。归胃、肾经。

【功能与主治】 益胃生津，滋阴清热。用于热病津伤，口干烦渴，胃阴不足，食少干呕，病后虚热不退，阴虚火旺，骨蒸劳热，目暗不明，筋骨痿软。

乌梅 *Wumei*

Mume Fructus

本品为蔷薇科植物梅 *Prunus mume* (Sieb.) Sieb. et Zucc.
的干燥近成熟果实。

【性味与归经】 酸、涩，平。归肝、脾、肺、大肠经。

【功能与主治】 敛肺，涩肠，生津，安蛔。用于肺虚
久咳，久泻久痢，虚热消渴，蛔厥呕吐
腹痛。

五味子 Wuweizi

Schisandrae Chinensis Fructus

本品为木兰科植物五味子*Schisandra chinensis*（*Turcz.*）*Baill.*的干燥成熟果实。

【性味与归经】　酸、甘，温。归肺、心、肾经。

【功能与主治】　收敛固涩，益气生津，补肾宁心。用于久嗽虚喘，梦遗滑精，遗尿尿频，久泻不止，自汗盗汗，津伤口渴，内热消渴，心悸失眠。

山药 *Shanyao*

Dioscoreae Rhizoma

本品为薯蓣科植物薯蓣 *Dioscorea opposita thunb.* 的干燥根茎。

【性味与归经】 甘，平。归脾、肺、肾经。

【功能与主治】 补脾养胃，生津益肺，补肾涩精。用于脾虚食少，久泻不止，肺虚喘咳，肾虚遗精，带下，尿频，虚热消渴。麸炒山药补脾健胃。用于脾虚食少，泄泻便溏，白带过多。

覆盆子

咖啡及其茶

覆盆子咖啡

Raspberry Coffee

配方： 覆盆子1g，沙苑子1g，黑芝麻1g，咖啡豆17g。

制作： 先将覆盆子磨成粗粉，再加入咖啡豆、沙苑子、黑芝麻，中细研磨。萃取、滴漏或者手冲，可得2杯咖啡。

功效： 益肾固精缩尿，养肝明目。

释义： 覆盆子、沙苑子、芝麻均以补益肝肾见长，三者协同互助，可强肾固精以纠肾精不固、遗精遗尿之偏；亦可补肝以缓肝阴不足、眼目失养、目暗昏花之症。与咖啡同饮，增益保健之功。

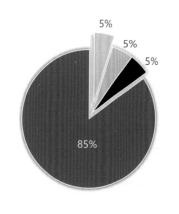

- 5%
- 5%
- 5%
- 85%

- 覆盆子
- 沙苑子
- 黑芝麻
- 咖啡豆

覆盆子女贞咖啡

Raspberry Coffee with Ligustrum Lucidum

配方：覆盆子1g，女贞子1g，黑芝麻1g，咖啡豆17g。

制作：先将覆盆子、女贞子合并磨成粗粉，再加入咖啡豆、黑芝麻，中细研磨。萃取、滴漏或者手冲，可得2杯咖啡。

功效：益肾固精缩尿，养肝明目乌发。

释义：肾藏精，其华在发，肝开窍于目，覆盆子、女贞子、黑芝麻补益肾肝，以固精缩尿、明目、乌须黑发。

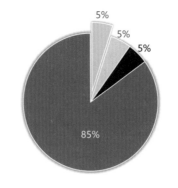

5%
5%
5%
85%

■ 覆盆子
■ 女贞子
■ 黑芝麻
■ 咖啡豆

覆盆子桑椹红茶

Black Tea with Raspberry and Mulberry

配方：覆盆子5g，桑椹5g，枸杞子5g，红茶10g，水500g。

制作：取覆盆子、桑椹、枸杞子、红茶，置煮茶器具内，加水煮至沸腾5分钟。结合口感，可以加入牛奶，调制成奶茶饮用。

功效：益肾养肝明目，益阴生津润燥。

释义：肝肾精血同源，覆盆子、桑椹、枸杞子均擅长滋补肝肾，三者同用，则精充血养，可明目，可固精，可止渴。

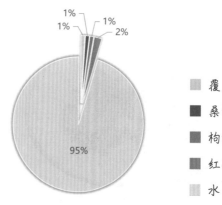

1% 1% 1% 2%
95%

■ 覆盆子
■ 桑椹
■ 枸杞子
■ 红茶
■ 水

覆盆子山茱萸蜜茶

Honey Tea with Raspberry and Cornus Officinalis

配方：覆盆子10g，山茱萸10g，蜂蜜30g，水500g。

制作：取覆盆子、山茱萸，置煮茶器具内，加水煮至沸腾5分钟。取茶汤，加入蜂蜜，搅拌均匀。

功效：补益肝肾，收涩固脱。

释义：覆盆子与山茱萸同用，亦补亦收，加蜂蜜调和，可预防与调理肝肾阴亏所致的眩晕耳鸣，腰膝酸痛，阳痿遗精，遗尿尿频，崩漏带下等症。

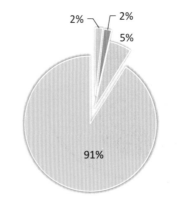

2% 2%

5%

91%

覆盆子

山茱萸

蜂蜜

水

覆盆子华夫

Raspberry Waffle

配方：覆盆子5g，沙苑子5g，黑芝麻5g，华夫粉85g，鸡蛋50g（1个），水20g。

制作：取覆盆子、沙苑子、黑芝麻，研磨成细粉。合并华夫粉加入容器内，混合均匀。再加入鸡蛋、水，搅拌均匀。倒入模具，烘焙至成熟。

功效：益肾固精缩尿，养肝明目。

释义：覆盆子、沙苑子、芝麻，三者协同，增强补益肝肾效力，既丰富了华夫饼的口味又增加了保健之功。

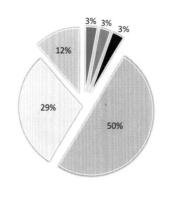

■ 覆盆子
■ 沙苑子
■ 黑芝麻
■ 华夫粉
■ 鸡蛋
■ 水

50%
29%
12%
3% 3% 3%

覆盆子 *Fupenzi*

Rubi Fructus

本品为蔷薇科植物华东覆盆子 *Rubus chingii Hu* 的干燥果实。

【性味与归经】 甘、酸，温。归肝、肾、膀胱经。

【功能与主治】 益肾固精缩尿，养肝明目。用于遗精滑精，遗尿尿频，阳痿早泄，目暗昏花。

沙苑子 *Shayuanzi*

Astragali Complanati Semen

本品为豆科植物扁茎黄芪*Astragalus complanatus* R．Br．的干燥成熟种子。

【性味与归经】 甘，温。归肝、肾经。

【功能与主治】 补肾助阳，固精缩尿，养肝明目。用于肾虚腰痛，遗精早泄，遗尿尿频，白浊带下，眩晕，目暗昏花。

黑芝麻 *Heizhima*

Sesami Semen Nigrum

本品为脂麻科植物脂麻*Sesamum indicum* *L.*的干燥成熟种子。

【性味与归经】 甘，平。归肝、肾、大肠经。

【功能与主治】 补肝肾，益精血，润肠燥。用于精血亏
虚，头晕眼花，耳鸣耳聋，须发早白，
病后脱发，肠燥便秘。

女贞子 Nüzhenzi

Ligustri Lucidi Fructus

本品为木犀科植物女贞*Ligustrum lucidum Ait.*的干燥成熟果实。

【性味与归经】 甘、苦，凉。归肝、肾经。

【功能与主治】 滋补肝肾，明目乌发。用于肝肾阴虚，
眩晕耳鸣，腰膝酸软，须发早白，目暗
不明，内热消渴，骨蒸潮热。

山茱萸　*Shanzhuyu*

Corni Fructus

本品为山茱萸科植物山茱萸*Cornus officinalis Sieb.et Zucc.*
的干燥成熟果肉。

【性味与归经】 酸、涩，微温。归肝、肾经。

【功能与主治】 补益肝肾，收涩固脱。用于眩晕耳鸣，
　　　　　　　　腰膝酸痛，阳痿遗精，遗尿尿频，崩漏
　　　　　　　　带下，大汗虚脱，内热消渴。

桑椹 *Sangshen*

Mori Fructus

本品为桑科植物桑 *Morus alba L* .的干燥果穗。

【性味与归经】 甘、酸，寒。归心、肝、肾经。

【功能与主治】 滋阴补血，生津润燥。用于肝肾阴虚，
眩晕耳鸣，心悸失眠，须发早白，津伤
口渴，内热消渴，肠燥便秘。

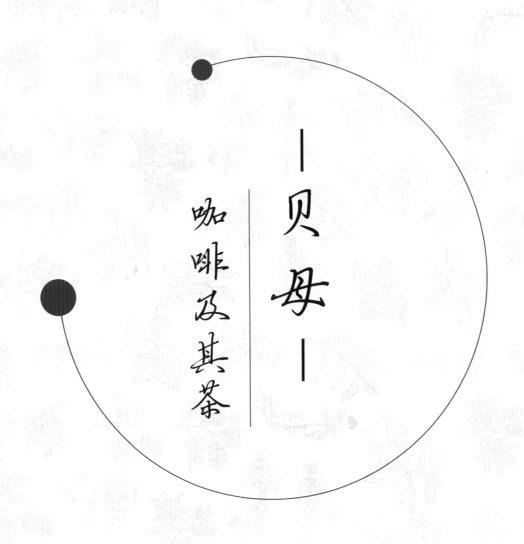

贝母

咖啡及其茶

川贝咖啡

Fritillaria Cirrhosa Coffee

配方：川贝1g，枇杷叶1g，甘草1g，咖啡豆17g，蜂蜜30g。

制作：取川贝、枇杷叶、甘草合并磨成粗粉，再加入咖啡豆，中细研磨。萃取、滴漏或者手冲，加入蜂蜜搅拌均匀，可得2杯咖啡。

功效：清热润肺，化痰止咳。

释义：川贝母与枇杷叶均长于滋补肺阴，肺为"娇脏"，不耐寒热，又燥易伤肺，肺阴伤易致干咳少痰，川贝、枇杷合以甘草、蜂蜜润肺、调和，此种咖啡尤适于秋燥之际、肺阴不足之人。

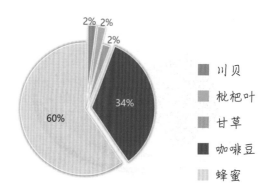

- 2% 2%
- 2%
- 34%
- 60%

■ 川贝
■ 枇杷叶
■ 甘草
■ 咖啡豆
■ 蜂蜜

平贝雪梨红茶

Black Tea with Fritillary Bulb and Snow Pear

配方：平贝母5g，雪梨干5g，红茶10g，水500g。

制作：取平贝母、雪梨干、红茶，置煮茶器具内，加水煮至沸腾5分钟。结合口感，可以加入牛奶，调制成奶茶饮用。

功效：清热润肺，化痰止咳。

释义：平贝母、雪梨擅长滋养肺阴，在丰富红茶口味同时，可缓肺燥干咳。

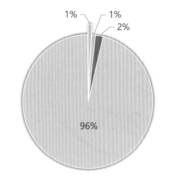

1% 1%
2%
96%

■ 平贝母
■ 雪梨干
■ 红茶
■ 水

浙贝枇杷叶蜜茶

Honey Tea with Fritillary Bulb and Loquat Leaf

配方：浙贝母10g，枇杷叶10g，蜂蜜30g，水500g。

制作：取浙贝母、枇杷叶，置煮茶器具内，加水煮至沸腾5分钟。取茶汤，加入蜂蜜，搅拌均匀。

功效：清化热痰，润肺止咳。

释义：川贝与浙贝均能清肺化痰止咳，但二者相较，川贝偏润，浙贝偏清，浙贝与枇杷叶相配，可清化色黄黏稠的热痰，合蜂蜜调和，共奏止咳化痰之功。

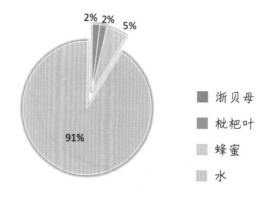

2% 2% 5%

91%

■ 浙贝母
■ 枇杷叶
▨ 蜂蜜
▨ 水

贝母华夫

Fritillary Bulb Waffle

配方：平贝母10g，太子参10g，华夫粉100g，鸡蛋50g
　　　（1个），水20g。

制作：取平贝母、太子参，研磨成细粉。合并华夫粉加
　　　入容器内，混合均匀。再加入鸡蛋、水，搅拌均
　　　匀。倒入模具，烘焙至成熟。

功效：清热润肺，益气健脾。

释义：脾土与肺金为母子关系，"虚则补其母"，平贝
　　　母配太子参，益气健脾补土，又能生津润肺，二
　　　者融入华夫饼能调脾虚体倦，食欲不振，肺燥
　　　干咳之症。

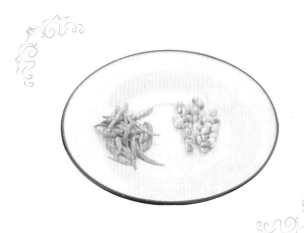

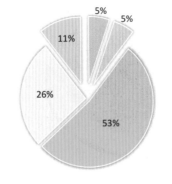

- 平贝母
- 太子参
- 华夫粉
- 鸡蛋
- 水

5%
5%
11%
26%
53%

川贝母 *Chuanbeimu*

Fritillariae Cirrhosae Bulbus

本品为百合科植物川贝母*Fritillaria cirrhosa* D.Don、暗紫贝母 *Fritillaria unibracteata* Hsiao et K.C.Hsia、甘肃贝母*Fritillaria przewalskii* Maxim.、梭砂贝母*Fritillaria delavayi* Franch.、太白 贝母*Fritillaria taipaiensis* P.Y.Li或瓦布贝母*Fritillaria unibracteata* Hsiao et K.C.Hsia var. wabuensis（S.Y.Tang et S.C.Yue） Z.D.Liu,S.Wang et S.C.Chen的干燥鳞茎。

【性味与归经】 苦、甘，微寒。归肺、心经。

【功能与主治】 清热润肺，化痰止咳，散结消痈。用于
肺热燥咳，干咳少痰，阴虚劳嗽，痰中
带血，瘰疬，乳痈，肺痈。

平贝母 Pingbeimu

Fritillariae Ussuriensis Bulbus

本品为百合科植物平贝母*Fritillaria ussuriensis Maxim.*的干燥鳞茎。

【性味与归经】 苦、辛，微寒。归肺经。

【功能与主治】 清热润肺，化痰止咳。用于肺热燥咳，干咳少痰，阴虚劳嗽，咯痰带血。

浙贝母 *Zhebeimu*

Fritillariae Thunbergii Bulbus

本品为百合科植物浙贝母*Fritillaria thunbergii Miq.*的干燥鳞茎。
初夏植株枯萎时采挖，洗净。

【性味与归经】　苦，寒。归肺、心经。

【功能与主治】　清热化痰止咳，解毒散结消痈。用于风
热咳嗽，痰火咳嗽，肺痈，乳痈，瘰疬，
疮毒。

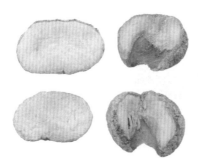

枇杷叶 *Pipaye*

Eriobotryae Folium

本品为蔷薇科植物枇杷 *Eriobotrya japonica*（thunb.）*Lindl.* 的干燥叶。

【性味与归经】 苦，微寒。归肺、胃经。

【功能与主治】 清肺止咳，降逆止呕。用于肺热咳嗽，气逆喘急，胃热呕逆，烦热口渴。

北沙参

咖啡及其茶

北沙参咖啡

Glehnia Littoralis Coffee

配方：北沙参2g，甘草1g，咖啡豆17g。

制作：取北沙参、甘草，合并磨成粗粉，再加入咖啡豆，中细研磨。萃取、滴漏或者手冲，可得2杯咖啡。

功效：养阴清肺，益胃生津。

释义：北沙参入肺、胃经，擅养肺胃之阴，与咖啡同饮，提神醒脑的同时有助于改善肺阴虚燥咳，胃阴虚咽干口渴之症。

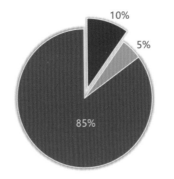

10%

5%

85%

■ 北沙参

■ 甘草

■ 咖啡豆

北沙参天冬绿茶

Green Tea with Glehnia Littoralis and Asparagus

配方：北沙参5g，天冬5g，麦冬5g，绿茶10g，水500g。

制作：取北沙参、天冬、麦冬、绿茶，置煮茶器具内，加水煮至沸腾5分钟。

功效：养阴润燥，清肺生津。

释义：北沙参与天冬、麦冬相配，主调肺阴虚，同时又益心、肾、胃之阴，与绿茶同饮，尤适于经常肺热燥咳，喉痹咽痛之人。

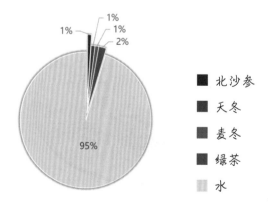

1%
1%
1%
2%
95%

■ 北沙参
■ 天冬
■ 麦冬
■ 绿茶
■ 水

北沙参知母蜜茶

Honey Tea with Glehnia Littoralis and Anemarrhena Asphodeloides

配方：北沙参5g，知母5g，罗汉果5g，蜂蜜30g，水500g。

制作：取北沙参、知母、罗汉果，置煮茶器具内，加水煮至沸腾5分钟。取茶汤，加入蜂蜜，搅拌均匀。

功效：清热滋阴，润肺利咽，润肠通便。

释义：肺燥易咳，肠燥易便秘，肺与大肠相表里，两者常相互影响，北沙参配知母、罗汉果能祛除肺的燥热，止咳利咽的同时又能润肠以通便，加蜂蜜调和亦有通便功效。

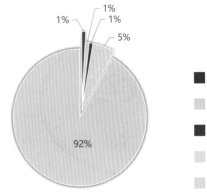

1%
1%
1%
5%
92%

■ 北沙参
▨ 知母
■ 罗汉果
▨ 蜂蜜
▨ 水

北沙参华夫

Glehnia Littoralis Waffle

配方： 北沙参5g，天冬5g，麦冬5g，太子参5g，华夫粉
　　　　80g，鸡蛋50g（1个），水20g。

制作： 取北沙参、天冬、麦冬、太子参，研磨成细粉。
　　　　合并华夫粉加入容器内，混合均匀。再加入鸡蛋、
　　　　水，搅拌均匀。倒入模具，烘焙至成熟。

功效： 养阴清肺益气，益胃生津。

释义： 北沙参、天冬、麦冬、太子参四者相合养阴又益
　　　　气，与华夫粉同制华夫饼，食补肺之气阴两亏。

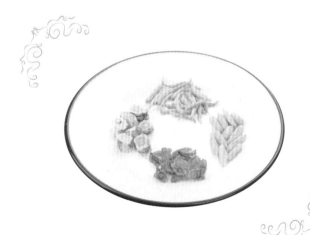

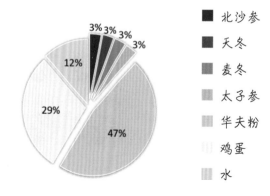

- ■ 北沙参
- ■ 天冬
- ■ 麦冬
- ▦ 太子参
- ▦ 华夫粉
- ▦ 鸡蛋
- ▦ 水

3% 3% 3% 3%
12%
29%
47%

北沙参 Beishashen

Glehniae Radix

本品为伞形科植物珊瑚菜*Glehnia littoralis Fr. Schmidt ex Miq.*
的干燥根。

【性味与归经】 甘、微苦，微寒。归肺、胃经。

【功能与主治】 养阴清肺，益胃生津。用于肺热燥咳，
劳嗽痰血，胃阴不足，热病津伤，咽干
口渴。

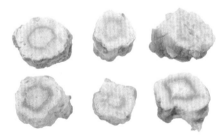

知母 Zhimu

Anemarrhenae Rhizoma

本品为百合科植物知母*Anemarrhena asphodeloides* Bge.的干燥根茎。

【性味与归经】 苦、甘，寒。归肺、胃、肾经。

【功能与主治】 清热泻火，滋阴润燥。用于外感热病，高热烦渴，肺热燥咳，骨蒸潮热，内热消渴，肠燥便秘。

天冬 tiandong

Asparagi Radix

本品为百合科植物天冬*Asparagus cochinchinensis*（*Lour.*）*Merr.*的干燥块根。

【性味与归经】 甘、苦，寒。归肺、肾经。

【功能与主治】 养阴润燥，清肺生津。用于肺燥干咳，顿咳痰黏，腰膝酸痛，骨蒸潮热，内热消渴，热病津伤，咽干口渴，肠燥便秘。

麦冬 Maidong

Ophiopogonis Radix

本品为百合科植物麦冬Ophiopogon japonicus（L.f）Ker-GawL.的干燥块根。

【性味与归经】 甘、微苦，微寒。归心、肺、胃经。

【功能与主治】 养阴生津，润肺清心。用于肺燥干咳，阴虚痨嗽，喉痹咽痛，津伤口渴，内热消渴，心烦失眠，肠燥便秘。

罗汉果 *Luohanguo*

Siraitiae Fructus

本品为葫芦科植物罗汉果*Siraitia grosvenorii*（Swingle）
C. Jeffrey ex A. M. Lu et Z. Y. Zhang的干燥果实。

【性味与归经】 甘，凉。归肺、大肠经。

【功能与主治】 清热润肺，利咽开音，滑肠通便。用于
肺热燥咳，咽痛失音，肠燥便秘。

阳虚体质者的选择

The choice of yang deficiency constitution

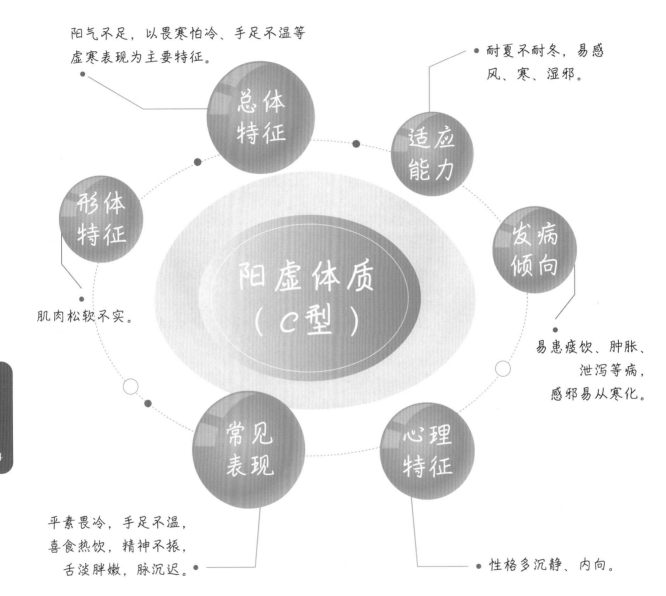

阳气不足，以畏寒怕冷、手足不温等
虚寒表现为主要特征。

总体
特征

耐夏不耐冬，易感
风、寒、湿邪。

适应
能力

形体
特征

发病
倾向

阳虚体质
（C型）

肌肉松软不实。

易患痰饮、肿胀、
泄泻等病，
感邪易从寒化。

常见
表现

心理
特征

平素畏冷，手足不温，
喜食热饮，精神不振，
舌淡胖嫩，脉沉迟。

性格多沉静、内向。

丁香咖啡及其茶

丁香肉桂咖啡

Clove Coffee with Cinnamon

配方：丁香1g，肉桂1g，甘草1g，咖啡豆17g。

制作：取肉桂、甘草，合并磨成粗粉，再加入咖啡豆、丁香，中细研磨。萃取、滴漏或者手冲后，可得2杯咖啡。

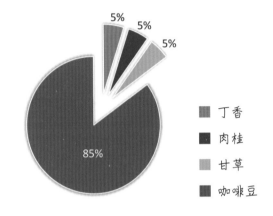

- 5%
- 5%
- 5%
- 85%

- 丁香
- 肉桂
- 甘草
- 咖啡豆

功效：温中散寒，温通经脉，助阳醒神。

释义：丁香、肉桂均擅温补脾肾，肾为先天之本，脾为后天之本，二者得温，则一身之阳得以充养，合咖啡提神醒脑，甘草调和，纠阳虚神气不振之偏。

丁香八角咖啡

Clove Coffee with Star Anise

配方：丁香1g，八角茴香1g，甘草1g，咖啡豆17g。

制作：取八角茴香、甘草，合并磨成粗粉，再加入咖啡豆、丁香，中细研磨。萃取、滴漏或者手冲后，可得2杯咖啡。

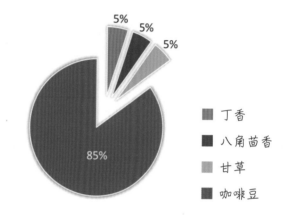

5% 5% 5%

85%

- 丁香
- 八角茴香
- 甘草
- 咖啡豆

功效：散寒止痛，理气和胃，提神醒脑。

释义：阳虚之人，内有虚寒，寒性收引凝滞，易致血脉不通而引发痛证，丁香与八角茴香温阳散寒，相须为用，甘草调和，配合咖啡以醒神温中。

丁香肉蔻咖啡

Clove Coffee with Nutmeg

配方：丁香1g，肉豆蔻1g，甘草1g，
咖啡豆17g。

制作：取肉豆蔻、甘草，合并磨
成粗粉，再加入咖啡豆、
丁香，中细研磨。萃取、
滴漏或者手冲后，可得2
杯咖啡。

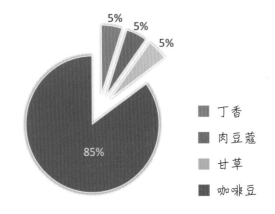

- 5%
- 5%
- 5%
- 85%

■ 丁香
■ 肉豆蔻
■ 甘草
■ 咖啡豆

功效：温中行气，健脾止泻，
和胃醒神。

释义：中焦虚寒易致食欲不振，
腹泻便溏，丁香配肉豆
蔻，温中兼具收涩止泻
之功，亦能健运脾胃以
提振食欲。

丁香姜咖啡

Clove Coffee with Dried Ginger

配方：丁香1g，干姜（或高良姜）1g，甘草1g，咖啡豆17g。

制作：取干姜（或高良姜）、甘草，合并磨成粗粉，再加入咖啡豆、丁香，中细研磨。萃取、滴漏或者手冲后，可得2杯咖啡。

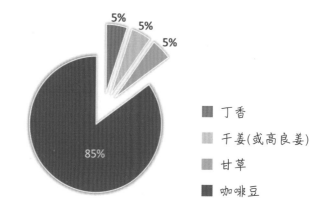

- 丁香 5%
- 干姜(或高良姜) 5%
- 甘草 5%
- 咖啡豆 85%

功效：温中散寒，回阳通脉，温肺化饮。

释义：干姜被誉为"温中散寒第一要药"，与丁香相配，提升温中效力同时，亦能温肺，纠正阳虚之人抵抗力低下易感外邪之弊。

丁香龙眼茶

Clove Tea with Longan

配方：丁香5g，龙眼肉10g，桂花3g，水500g。

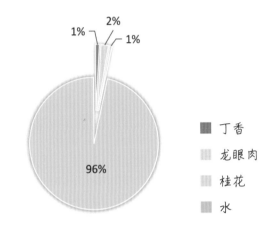

- 1%
- 2%
- 1%
- 96%

■ 丁香
▨ 龙眼肉
▨ 桂花
▨ 水

制作：取丁香、龙眼肉、桂花，置蒸茶器具内，加水蒸至沸腾10分钟。

功效：温肾散寒，补益心脾，养血安神。

释义：三者相配，相辅相成，充养一身阳气，又擅纠阳虚所致心悸健忘失眠、胃脘腹痛食少等症。

丁香姜枣红茶

Clove Tea with Dried Ginger and Jujube

配方：丁香5g，干姜5g，大枣(片)
　　　5g，红茶10g，水500g。

制作：取干姜、丁香、大枣(片)、
　　　红茶，置煮茶器内，煮至
　　　沸腾5分钟。结合口感，
　　　可以加入牛奶，调制成奶
　　　茶饮用。

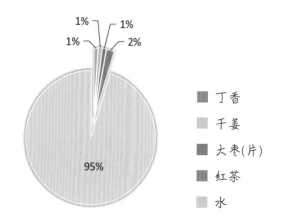

1%　1%
1%　2%
95%

■ 丁香
　 干姜
■ 大枣(片)
■ 红茶
　 水

释义：丁香、干姜、大枣温阳
　　　助阳，配合性温的红茶，
　　　以改善中焦脾胃虚寒为
　　　契机，改良周身阳虚状
　　　态。

丁香姜芪蜜茶

Honey Tea with Clove, Dried Ginger and Astragalus Membranaceus

配方：丁香3g，干姜5g，黄芪5g，
蜂蜜30g，水500g。

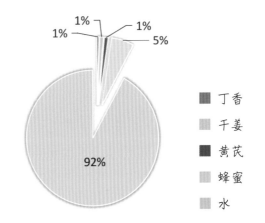

制作：取干姜、黄芪，置煮茶器
内，煮至沸腾5分钟。取茶
汤，加入蜂蜜，搅拌均匀。

1%
1%
1%
5%
92%

■ 丁香
■ 干姜
■ 黄芪
■ 蜂蜜
■ 水

功效：益气温中，散寒通脉。

释义：气属阳，气阳虚常并见，
丁香、干姜助阳，黄芪
补气，气阳双补，纠正
阳虚气短、畏寒神疲之态。

丁香华夫

Clove Waffle

配方：丁香5g，肉桂（或者八角茴香）5g，华夫粉90g，鸡蛋50g（1个），水20g。

制作：取丁香、肉桂（或者八角茴香），研磨成细粉。合并华夫粉加入容器内，混合均匀。再加入鸡蛋、水，搅拌均匀。倒入模具，烘焙至成熟。

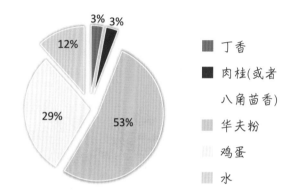

- 丁香
- 肉桂(或者八角茴香)
- 华夫粉
- 鸡蛋
- 水

3% 3%
12%
29%
53%

功效：温中散寒，暖胃安神。

释义：丁香、肉桂，滋味香醇，功擅暖胃，融入华夫饼中，香甜中兼调理脾胃，提振食欲，安神益智。

丁香 Dingxiang

Caryophylli Flos

本品为桃金娘科植物丁香*Eugenia caryophyllata thunb.*的干燥花蕾。

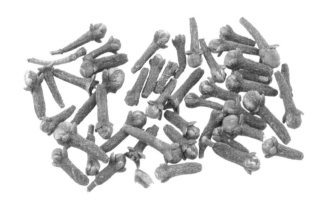

【性味与归经】 辛，温。归脾、胃、肺、肾经。

【功能与主治】 温中降逆，补肾助阳。用于脾胃虚寒，呃逆呕吐，食少吐泻，心腹冷痛，肾虚阳痿。

肉桂 Rougui

Cinnamomi Cortex

本品为樟科植物肉桂 *Cinnamomum cassia Presl* 的
干燥树皮。

【性味与归经】 辛、甘，大热。归肾、脾、心、
肝经。

【功能与主治】 补火助阳，引火归元，散寒止痛，
温通经脉，用于阳痿宫冷，腰膝
冷痛，肾虚作喘，虚阳上浮，眩
晕目赤，心腹冷痛，虚寒吐泻，
寒疝腹痛，痛经经闭。

八角茴香 *Bajiaohuixiang*

Anisi Stellati Fructus

本品为木兰科植物八角茴香 *Illicium verum Hook.f.*的
干燥成熟果实。

【性味与归经】 辛，温。归肝、肾、脾、胃经。
【功能与主治】 温阳散寒，理气止痛。用于寒疝
腹痛，肾虚腰痛，胃寒呕吐，脘
腹冷痛。

肉豆蔻 *Roudoukou*

Myristicae Semen

本品为肉豆蔻科植物肉豆蔻*Myristica fragrans* Houtt.
的干燥种仁。

【性味与归经】 辛，温。归脾、胃、大肠经。
【功能与主治】 温中行气，涩肠止泻。用于脾胃
虚寒，久泻不止，脘腹胀痛，食
少呕吐。

干姜　Ganjiang

Zingiberis Rhizoma

本品为姜科植物姜*Zingiber officinale* Rosc.的干燥根茎。

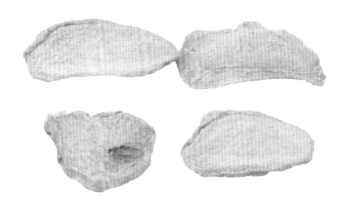

【性味与归经】辛，热。归脾、胃、肾、心、肺经。
【功能与主治】温中散寒，回阳通脉，温肺化饮。
用于脘腹冷痛，呕吐泄泻，肢冷脉微，寒饮喘咳。

高良姜 *Gaoliangjiang*

Alpiniae Officinarum Rhizoma

本品为姜科植物高良姜 *Alpinia officinarum Hance* 的干燥根茎。

【性味与归经】 辛，热。归脾、胃经。

【功能与主治】 温胃止呕，散寒止痛。用于脘腹冷痛，胃寒呕吐，嗳气吞酸。

桂花 *Guihua*

Osmanthus Fragrans

本品为木犀科植物木犀*Osmanthus fragrans* (Thunb.) Lour.
的干燥花。

【性味与归经】 辛，温。归肺、脾、肾经。

【功能与主治】 温肺化饮，散寒止痛。用于痰饮
咳喘，脘腹冷痛，肠风血痢，经
闭痛经，寒疝腹痛，牙痛，口臭。

龙眼肉 *Longyanrou*

Longan Arillus

本品为无患子科植物龙眼 *Dimocarpus longan Lour.* 的假种皮。

【性味与归经】 甘，温。归心、脾经。

【功能与主治】 补益心脾，养血安神。用于气血不足，心悸怔忡，健忘失眠，血虚萎黄。

芙蓉咖啡及其茶

苁蓉巴戟天咖啡

Cistanche Deserticola Coffee with Morinda Officinalis

配方：肉苁蓉1g，巴戟天1g，甘草
　　　1g，咖啡豆17g。

制作：取肉苁蓉、巴戟天、甘草，
　　　合并磨成粗粉，再加入咖
　　　啡豆，中细研磨。萃取、
　　　滴漏或者手冲，可得2杯
　　　咖啡。

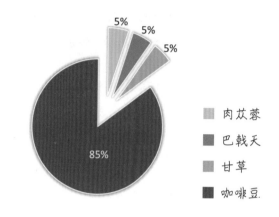

- 5%
- 5%
- 5%
- 85%

　■ 肉苁蓉
　■ 巴戟天
　■ 甘草
　■ 咖啡豆

功效：温肾益精，强筋壮骨，
　　　提神醒脑。

释义：被誉为"沙漠人参"的
　　　肉苁蓉，是我国传统的
　　　名贵中药材，其补肾阳、
　　　益精血的功效尤著，与
　　　巴戟天相须为用，助肾
　　　抗衰，强壮筋骨，以甘
　　　草调和，合咖啡增益提
　　　神醒脑之功。

苁蓉补骨脂咖啡

Cistanche Deserticola Coffee with Psoralea Corylifolia

配方：肉苁蓉1g，补骨脂1g，益智仁1g，甘草1g，咖啡豆16g。

制作：先将肉苁蓉、甘草，合并磨成粗粉，再加入咖啡豆、补骨脂、益智仁，中细研磨。萃取、滴漏或者手冲，可得2杯咖啡。

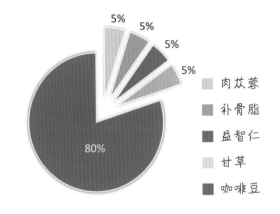

- 5% 肉苁蓉
- 5% 补骨脂
- 5% 益智仁
- 5% 甘草
- 80% 咖啡豆

功效：暖肾固精，纳气平喘，温脾止泻。

释义：肾阳为元阳，是一身阳气的根本，肾阳虚衰，影响生殖机能，阳虚不能纳气又易致气短虚喘，脾肾阳虚易致腹泻。肉苁蓉、补骨脂、益智仁三者协同温补肾脾，以甘草调和，可纠阳虚之偏，合咖啡提振神气。

苁蓉胡芦巴咖啡

Cistanche Deserticola Coffee with Fenugreek

配方： 肉苁蓉1g，胡芦巴1g，甘草
1g，咖啡豆17g。

制作： 先将肉苁蓉、甘草，合并
磨成粗粉，再加入咖啡豆、
胡芦巴，中细研磨。萃取、
滴漏或者手冲，可得2杯
咖啡。

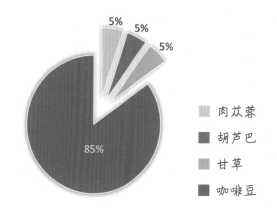

- 肉苁蓉
- 胡芦巴
- 甘草
- 咖啡豆

85% 5% 5% 5%

功效： 补肾助阳，益精提神。

释义： 肉苁蓉为君以补肾阳、
益精血，胡芦巴为臣以
辅助肉苁蓉之功，甘草
佐助，阳亢精益再合咖
啡以提神醒脑。

苁蓉枸杞茶

Cistanche Deserticola Tea with Chinese Wolfberry

配方：肉苁蓉5g，巴戟天5g，枸
　　　杞子10g，水500g。

制作：取肉苁蓉、巴戟天、枸杞
　　　子，置煮茶器具内，加水
　　　煮至沸腾5分钟。

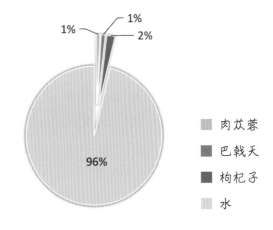

1%　　1%

1%　　　　2%

96%

- ▨ 肉苁蓉
- ▨ 巴戟天
- ▨ 枸杞子
- ▨ 水

功效：补肾助阳，养阴益精。

释义：人体之阴阳互根互用，
　　　肉苁蓉、巴戟天助阳，
　　　枸杞子滋阴，三者相配，
　　　肾之元阳元阴得以同补。

苁蓉华夫

Cistanche Deserticola Waffle

配方： 肉苁蓉5g，巴戟天5g，枸
杞子5g，华夫粉85g，鸡蛋
50g（1个）、水20g。

制作： 取肉苁蓉、巴戟天、枸杞子，
研磨成细粉。合并华夫粉
加入容器内，混合均匀。
再加入鸡蛋、水，搅拌均
匀。倒入模具，烘焙至成熟。

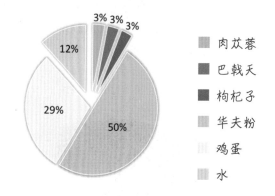

- 肉苁蓉
- 巴戟天
- 枸杞子
- 华夫粉
- 鸡蛋
- 水

功效： 补肾助阳，养阴益精。

释义： 肉苁蓉、巴戟天、枸杞子
味道丰富醇厚，阴阳同
补之功卓著，融入华夫
饼中，补益脾胃的同时
扶助元阴元阳。

肉苁蓉 Roucongrong

Cistanches Herba

本品为列当科植物肉苁蓉 *Cistanche deserticola Y.C.Ma* 或管花肉苁蓉 *Cistanche tubulosa* (Schenk) *Wight* 的干燥带鳞叶的肉质茎。

【性味与归经】 甘、咸，温。归肾、大肠经。

【功能与主治】 补肾阳，益精血，润肠通便。用于肾阳不足，精血亏虚，阳痿不孕，腰膝酸软，筋骨无力，肠燥便秘。

巴戟天 *Bajitian*

Morindae Officinalis Radix

本品为茜草科植物巴戟天*Morinda officinalis How*的干燥根。

【性味与归经】 甘、辛，微温。归肾、肝经。

【功能与主治】 补肾阳，强筋骨，祛风湿。用于
阳痿遗精，宫冷不孕，月经不调，
少腹冷痛，风湿痹痛，筋骨痿软。

补骨脂 *Buguzhi*

Psoraleae Fructus

本品为豆科植物补骨脂 *Psoralea corylifolia L.* 的干燥成熟果实。

【性味与归经】 辛、苦，温。归肾、脾经。

【功能与主治】 温肾助阳，纳气平喘，温脾止泻；外用消风祛斑。用于肾阳不足，阳痿遗精，遗尿尿频，腰膝冷痛，肾虚作喘，五更泄泻；外用治白癜风、斑秃。

胡芦巴 *Huluba*

Trigonellae Semen

本品为豆科植物胡芦巴 *Trigonella foenum-graecum* *L.*的干燥成熟种子。

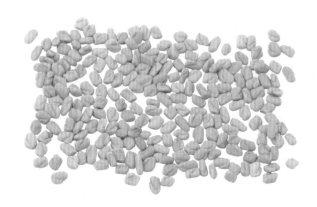

【性味与归经】 苦，温。归肾经。
【功能与主治】 温肾助阳，祛寒止痛。用于肾阳不足，下元虚冷，小腹冷痛，寒疝腹痛，寒湿脚气。

益智 *Yizhi*

Alpiniae Oxyphyllae Fructus

本品为姜科植物益智*Alpinia oxyphylla Miq.*的干燥成熟果实。

【性味与归经】 辛，温。归脾、肾经。

【功能与主治】 暖肾固精缩尿，温脾止泻摄唾。用于肾虚
遗尿，小便频数，遗精白浊，脾寒泄泻，
腹中冷痛，口多唾涎。

杜仲咖啡及其茶

杜仲咖啡

Eucommia Ulmoides Coffee

配方：杜仲1g，菟丝子1g，甘草1g，
咖啡豆17g。

制作：取杜仲、甘草，合并磨成
粗粉，再加入咖啡豆、菟
丝子，中细研磨。萃取、
滴漏或者手冲后，可得2
杯咖啡。

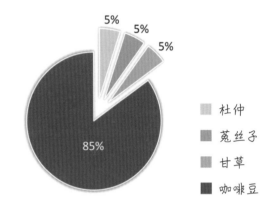

5%
5%
5%
85%

■ 杜仲
■ 菟丝子
■ 甘草
■ 咖啡豆

功效：补益肝肾，强壮筋骨，
提神醒脑。

释义：肾藏精、肝藏血，肾主
骨、肝主筋，肝肾同源，
杜仲、菟丝子均能肝肾
同补，二者合用配合甘
草调和，共补精血，濡
养筋骨，合咖啡醒神，
则精血充盈，筋骨强健，
神清气爽。

杜仲红茶

Eucommia Ulmoides Tea

配方：杜仲5g，枸杞子5g，红茶
10g，水500g。

制作：取杜仲、枸杞子、红茶，
置煮茶器具内，加水煮至
沸腾5分钟。结合口感，
可以加入牛奶，调制成奶
茶饮用。

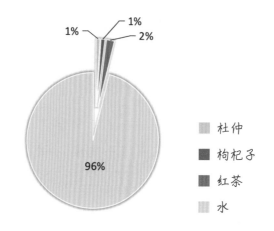

1%
1%
2%
96%

- 杜仲
- 枸杞子
- 红茶
- 水

功效：补肝肾，强筋骨。

释义：杜仲与枸杞子，相使为用，
提升补肝肾、强筋骨之功，
二者又擅明目，可纠肝肾
不足所致的目涩目眩等症，
二者配红茶，又可增益抗
衰强体之功。

杜仲奶茶

Milky Tea with Eucommia Ulmoides

配方：杜仲叶红茶20g，食盐3g，
水500g，牛奶200g。

制作：取杜仲叶红茶，置蒸茶器
内，加水蒸至沸腾3分钟。
取茶汤，加入食盐、牛奶
搅拌均匀。

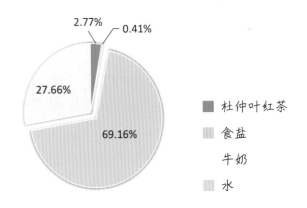

2.77%　0.41%

27.66%

69.16%

- ■ 杜仲叶红茶
- ▨ 食盐
- □ 牛奶
- ▨ 水

功效：补肾健脾，温中安神。

释义：以杜仲叶红茶制奶茶，
使奶茶具备了温暖中焦
脾胃，补益肝肾精血，
濡养神志的功用，加入
食盐，引茶入肾。

杜仲绿茶

Green Tea with Eucommia Ulmoides

配方：杜仲叶绿茶3g，淫羊藿3g，
水500g。

制作：取杜仲叶绿茶、淫羊藿，
置泡茶器具内，加入开水，
浸泡5分钟。

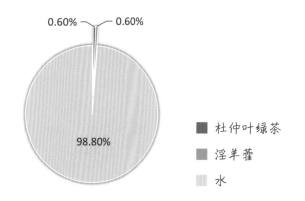

0.60% — ⌐ — 0.60%

98.80%

■ 杜仲叶绿茶
■ 淫羊藿
▨ 水

功效：补肝肾，强筋骨。

释义：肝肾不足则筋骨瘘弱，杜
仲叶与淫羊藿相须为用，
共奏强壮筋骨之功。

杜仲华夫

Eucommia Ulmoides Waffle

配方：杜仲5g，菟丝子5g，华夫粉90g，鸡蛋50g（1个），水20g。

制作：取杜仲、菟丝子，研磨成细粉。合并华夫粉加入容器内，混合均匀。再加入鸡蛋、水，搅拌均匀。倒入模具，烘焙至成熟。

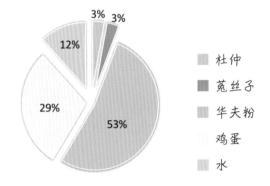

3% 3%
12%
29%
53%

- 杜仲
- 菟丝子
- 华夫粉
- 鸡蛋
- 水

功效：补益肝肾，固精强筋。

释义：杜仲、菟丝子在丰富华夫饼味道的同时，有助于改善腰膝酸痛、筋骨无力、目眩耳鸣等症。

杜仲 Duzhong

Eucommiae Cortex

本品为杜仲科植物杜仲 *Eucommia ulmoides Oliv.* 的干燥树皮。

【性味与归经】 甘，温。归肝、肾经。

【功能与主治】 补肝肾，强筋骨，安胎。用于肝肾
不足，腰膝酸痛，筋骨无力，头晕
目眩，妊娠漏血，胎动不安。

杜仲叶 *Duzhongye*

Eucommiae Folium

本品为杜仲科植物杜仲*Eucommia ulmoides* Oliv.的干燥叶。

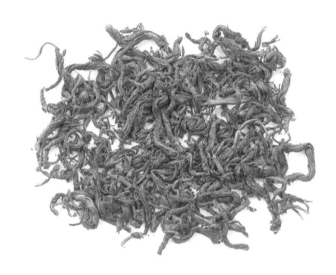

【性味与归经】 微辛，温。归肝、肾经。
【功能与主治】 补肝肾，强筋骨。用于肝肾不足，头晕目眩，腰膝酸痛，筋骨痿软。

菟丝子 Tusizi

Cuscutae Semen

本品为旋花科植物南方菟丝子 *Cuscuta australis* R.Br. 或菟丝子 *Cuscuta chinensis* Lam. 的干燥成熟种子。

【性味与归经】 辛、甘，平。归肝、肾、脾经。

【功能与主治】 补益肝肾，固精缩尿，安胎，明目，止泻；外用消风祛斑。用于肝肾不足，腰膝酸软，阳痿遗精，遗尿尿频，肾虚胎漏，胎动不安，目昏耳鸣，脾肾虚泻；外治白癜风。

淫羊藿 Yinyanghuo

Epimedii Folium

本品为小檗科植物淫羊藿 *Epimedium brevicornu Maxim.*、
箭叶淫羊藿 *Epimedium sagittatum*（*Sieb.et Zucc.*）*Maxim.*、
柔毛淫羊藿 *Epimedium pubescens Maxim.* 或朝鲜淫羊藿
Epimedium koreanum Nakai 的干燥叶。

【性味与归经】 辛、甘，温。归肝、肾经。
【功能与主治】 补肾阳，强筋骨，祛风湿。用于
肾阳虚衰，阳痿遗精，筋骨痿软，
风湿痹痛，麻木拘挛。

痰湿体质者的选择

The choice of phlegm dampness constitution

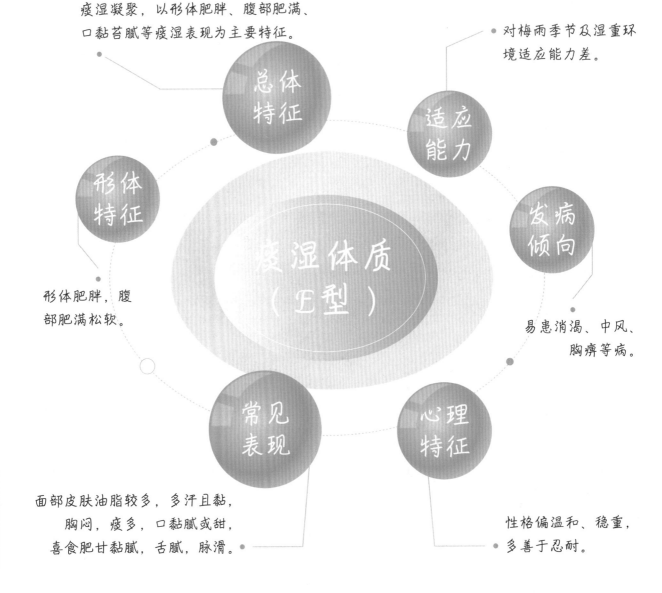

痰湿凝聚，以形体肥胖、腹部肥满、
口黏苔腻等痰湿表现为主要特征。

对梅雨季节及湿重环
境适应能力差。

总体
特征

适应
能力

形体
特征

发病
倾向

痰湿体质
（E型）

形体肥胖，腹
部肥满松软。

易患消渴、中风、
胸痹等病。

常见
表现

心理
特征

面部皮肤油脂较多，多汗且黏，
胸闷，痰多，口黏腻或甜，
喜食肥甘黏腻，舌腻，脉滑。

性格偏温和、稳重，
多善于忍耐。

茯苓

咖啡及其茶

茯苓荷叶咖啡

Poria Cocos Coffee with Lotus Leaf

配方：茯苓1g，荷叶1g，泽泻1g，甘草1g，咖啡豆16g。

制作：取茯苓、荷叶、泽泻、甘草，合并磨成粗粉，再加入咖啡豆，中细研磨。萃取、滴漏或者手冲后，可得2杯咖啡。

功效：利水渗湿，健脾，化浊降脂。

释义：湿邪困阻于内，易阻滞气机，阻遏阳气，致脾胃运化不力，身体困倦，湿痰内阻则形体肥胖，茯苓与荷叶、泽泻均擅健脾利湿，再合甘草调和，咖啡醒神，以达神清体畅之效。

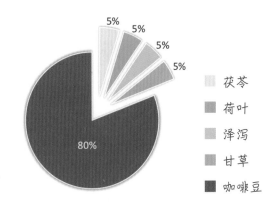

- 5% 茯苓
- 5% 荷叶
- 5% 泽泻
- 5% 甘草
- 80% 咖啡豆

茯苓桂枝红茶

Black Tea with Poria Cocos and Ramulus Cinnamomi

配方：茯苓5g，桂枝5g，红茶10g，水500g。

制作：取茯苓、桂枝、红茶，置煮茶器内，加水煮至沸腾
　　　5分钟。结合口感，可以加入牛奶，调制成奶茶饮用。

功效：健脾利湿，温通经脉。

释义：茯苓与桂枝相须为用，在健运脾胃去除湿邪的同时，
　　　增强了温通经脉的作用，再合以红茶提神消疲之功，
　　　尤适于湿邪内阻，体倦神疲之人。

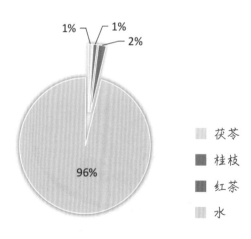

1%　1%
2%
96%

茯苓
桂枝
红茶
水

茯苓薏苡仁茶

Poria Cocos Tea with Coix Seed

配方：茯苓5g，薏苡仁5g，木瓜5g，蜂蜜30g，水500g。

制作：取茯苓、薏苡仁、木瓜，置煮茶器内，煮至沸腾5分钟。取茶汤，加入蜂蜜，搅拌均匀。

功效：利水渗湿，健脾止泻。

释义：脾喜燥而恶湿，湿邪困脾，则脾失健运，易致腹泻，茯苓与薏苡仁、木瓜相配，擅长化湿和胃，健脾止泻，合蜂蜜调和，可纠腹泻频发之偏。

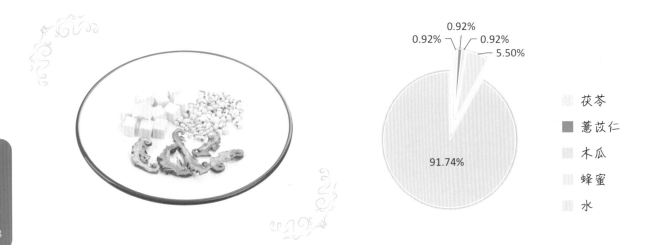

0.92%
0.92%　0.92%
5.50%
91.74%

茯苓
薏苡仁
木瓜
蜂蜜
水

茯苓华夫

Poria Cocos Waffle

配方：茯苓5g，红豆5g，薏苡仁5g，华夫粉100g，鸡蛋 50g（1个），水20g。

制作：取茯苓、薏苡仁、红豆，研磨成细粉。合并华夫 粉加入容器内，混合均匀。再加入鸡蛋、水，搅拌 均匀。倒入模具，烘焙至成熟。

功效：健脾利水，渗泻湿毒。

释义：茯苓、红豆、薏苡仁均为药食两用的佳品，兼具 健脾渗湿的良好功效，又口味香醇，融于华夫饼 同食，尤擅调理脾胃，祛湿塑形。

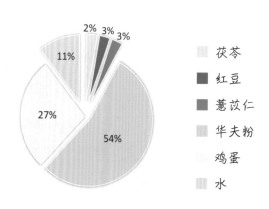

2% 3% 3%
11%
27%
54%

- 茯苓
- 红豆
- 薏苡仁
- 华夫粉
- 鸡蛋
- 水

茯苓 Fuling

Poria

本品为多孔菌科真菌茯苓 *Poria cocos*（*Schw.*）*Wolf* 的干燥菌核。

【性味与归经】 甘、淡，平。归心、肺、脾、肾经。

【功能与主治】 利水渗湿，健脾，宁心。用于水肿尿少，痰饮眩悸，脾虚食少，便溏泄泻，心神不安，惊悸失眠。

荷叶 *Heye*

Nelumbinis Folium

本品为睡莲科植物莲 *Nelumbo nucifera Gaertn.* 的干燥叶。

【性味与归经】 苦，平。归肝、脾、胃经。

【功能与主治】 清暑化湿，升发清阳，凉血止血。用于暑热烦渴，暑湿泄泻，脾虚泄泻，血热吐衄，便血崩漏。荷叶炭收涩化瘀止血。用于出血证和产后血晕。

泽泻 Zexie

Alismatis Rhizoma

本品为泽泻科植物泽泻 *Alisma orientale*（Sam.）Juzep. 的干燥块茎。

【性味与归经】 甘、淡，寒。归肾、膀胱经。

【功能与主治】 利水渗湿，泄热，化浊降脂。用于小便不利，水肿胀满，泄泻尿少，痰饮眩晕，热淋涩痛，高脂血症。

桂枝 *Guizhi*

Cinnamomi Ramulus

本品为樟科植物肉桂 *Cinnamomum cassia Presl* 的干燥嫩枝。

【性味与归经】 辛、甘，温。归心、肺、膀胱经。

【功能与主治】 发汗解肌，温通经脉，助阳化气，平冲降气。用于风寒感冒，脘腹冷痛，血寒经闭，关节痹痛，痰饮，水肿，心悸，奔豚。

薏苡仁 Yiyiren

Coicis Semen

本品为禾本科植物薏苡 *Coix lacryma-jobi L.var. ma-yuen（Roman.）Stapf* 的干燥成熟种仁。

【性味与归经】 甘、淡，凉。归脾、胃、肺经。

【功能与主治】 利水渗湿，健脾止泻，除痹，排脓，解毒散结。用于水肿，脚气，小便不利，脾虚泄泻，湿痹拘挛，肺痈，肠痈，赘疣，癌肿。

赤小豆 *Chixiaodou*

Vignae Semen

本品为豆科植物赤小豆 *Vigna umbellata* Ohwi et Ohashi 或
赤豆 *Vigna angularis* Ohwi et Ohashi 的干燥成熟种子。

【性味与归经】 甘、酸，平。归心、小肠经。

【功能与主治】 利水消肿，解毒排脓。用于水肿胀满，
脚气浮肿，黄疸尿赤，风湿热痹，痈肿
疮毒，肠痈腹痛。

苍术

咖啡及其茶

苍术咖啡

Rhizoma Atractylodis Coffee

配方：苍术1g，五加皮1g，甘草1g，咖啡豆17g。

制作：取苍术、五加皮、甘草，合并磨成粗粉，再加入咖啡豆，中细研磨。萃取、滴漏或者手冲，可得2杯咖啡。

功效：祛风除湿，补益肝肾，强筋壮骨。

释义：湿邪内阻，滞留于筋肉骨节，则可致筋骨活动不利，苍术合五加皮可祛除筋骨之湿，又能从补益肝肾入手以强壮筋骨，甘草调和，与咖啡同饮，既提振神气，又强壮体魄。

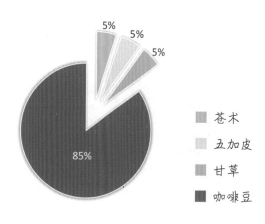

5%
5%
5%

85%

■ 苍术
□ 五加皮
■ 甘草
■ 咖啡豆

苍术红茶

Black Tea with Rhizoma Atractylodis

配方：苍术5g，木瓜5g，蜂蜜30g，红茶10g，水500g。

制作：取苍术、木瓜、红茶，置煮茶器内，煮至沸腾5分钟。取茶汤，加入蜂蜜，搅拌均匀。

功效：舒筋活络，和胃化湿。

释义：苍术与木瓜既擅祛筋脉之湿，又擅化中焦之湿，二者相须为用，蜂蜜调和，与红茶同饮，共奏温胃和胃化湿，舒筋活络壮骨之功。

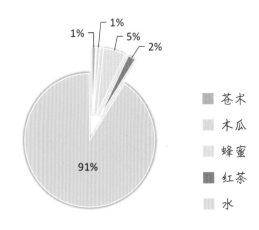

1%
1%
5%
2%
91%

苍术
木瓜
蜂蜜
红茶
水

苍术华夫

Rhizoma Atractylodis Waffle

配方：苍术5g，芡实5g，华夫粉90g，鸡蛋50g(1个)，水20g。

制作：取苍术、芡实，研磨成细粉。合并华夫粉加入容
器内，混合均匀。再加入鸡蛋、水，搅拌均匀。
倒入模具，烘焙至成熟。

功效：燥湿健脾，益肾固精。

释义：脾五行属土，肾五行属水，二者为相克关系，需互
相制化，协调平衡。苍术擅健脾，芡实擅益肾，二
者融入华夫饼中，脾肾同调。

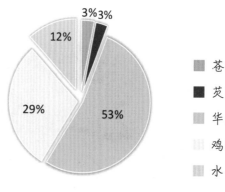

3% 3%
12%
29%
53%

- 苍术
- 芡实
- 华夫粉
- 鸡蛋
- 水

苍术 *Cangzhu*

Atractylodis Rhizoma

本品为菊科植物茅苍术 *Atractylodes lancea*（thunb.）DC.
或北苍术 *Atractylodes chinensis*（DC.）Koidz.的干燥根茎。

【性味与归经】 辛、苦，温。归脾、胃、肝经。

【功能与主治】 燥湿健脾，祛风散寒，明目。用于湿阻
中焦，脘腹胀满，泄泻，水肿，脚气痿
躄，风湿痹痛，风寒感冒，夜盲，眼目
昏涩。

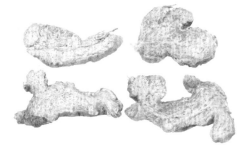

五加皮　*Wujiapi*

Acanthopanacis Cortex

本品为五加科植物细柱五加*Acanthoppanax gracilistylus* W．W．
*Smith*的干燥根皮。

【性味与归经】　辛、苦，温。归肝、肾经。

【功能与主治】　祛风除湿，补益肝肾，强筋壮骨，利水
　　　　　　　　消肿。用于风湿痹病，筋骨痿软，小儿
　　　　　　　　行迟，体虚乏力，水肿，脚气。

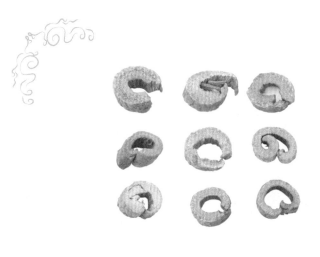

木瓜 *Mugua*

Chaenomelis Fructus

本品为蔷薇科植物贴梗海棠 *Chaenomeles speciosa*（Sweet）
Nakai 的干燥近成熟果实。

【性味与归经】 酸，温。归肝、脾经。

【功能与主治】 舒筋活络，和胃化湿。用于湿痹拘挛，
腰膝关节酸重疼痛，暑湿吐泻，转筋
挛痛，脚气水肿。

芡实 Qianshi

Euryales Semen

本品为睡莲科植物芡*Euryale ferox Salisb*.的干燥成熟种仁。

【性味与归经】 甘、涩，平。归脾、肾经。

【功能与主治】 益肾固精，补脾止泻，除湿止带。用于
遗精滑精，遗尿尿频，脾虚久泻，白浊，
带下。

豆蔻

咖啡及其茶

豆蔻咖啡

Round Cardamom Coffee

配方：豆蔻2g，甘草1g，咖啡豆17g。

制作：取豆蔻、甘草，合并磨成粗粉，再加入咖啡豆，
中细研磨。萃取、滴漏或者手冲，可得2杯咖啡。

功效：化湿行气，温中止呕，开胃消食。

释义：湿邪内阻脾胃，脾胃失于健运则食欲不振、饮食
不易消化，豆蔻擅长化中焦之湿，又行气开胃，
与咖啡醒神之力相配，有助于提振食欲，醒脾开胃。

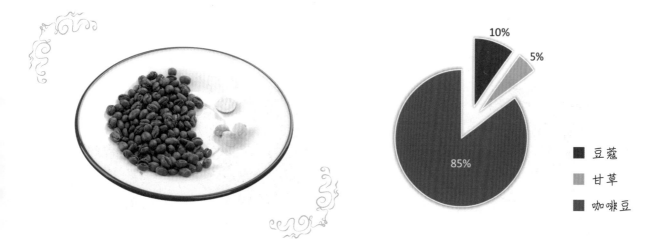

10%

5%

85%

■ 豆蔻
■ 甘草
■ 咖啡豆

豆蔻苍术咖啡

Round Cardamom Coffee with Rhizoma Atractylodis

配方：豆蔻1g，苍术1g，甘草1g，咖啡豆17g。

制作：先将豆蔻、苍术、甘草，合并磨成粗粉，再加入咖啡豆，中细研磨。萃取、滴漏或者手冲，可得2杯咖啡。

功效：健脾化湿，行气温中，开胃消食。

释义：豆蔻合苍术，增益了健运脾胃之力，扶正又兼祛湿邪，尤益于脾胃素虚之人。

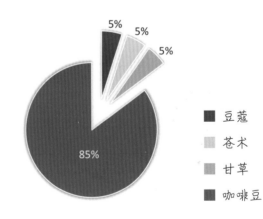

5% 5% 5%

85%

豆蔻
苍术
甘草
咖啡豆

豆蔻柠檬茶

Lemon Tea with Round Cardamom

配方：豆蔻3g，佩兰3g，香薷3g，扁豆花3g，柠檬3g，蜂蜜30g，水500g。

制作：取豆蔻、佩兰、香薷、扁豆花、柠檬，置煮蒸茶器具内，加水煮至沸腾3分钟。取茶汤，加入蜂蜜，搅拌均匀。

功效：解暑化湿，芳香醒脾。

释义：夏季为暑湿之季，自然界湿热较盛，易困阻脾胃，豆蔻、佩兰、香薷皆芳香化湿，扁豆花解暑化湿，和中健脾，四者合用，加柠檬、蜂蜜调味，以芳香化湿唤醒脾胃的昏沉，尤适用于夏季。

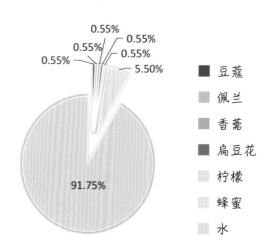

0.55%
0.55%
0.55%
0.55%
0.55%
5.50%
91.75%

■ 豆蔻
▨ 佩兰
▨ 香薷
■ 扁豆花
▨ 柠檬
▨ 蜂蜜
▨ 水

豆蔻华夫

Round Cardamom Waffle

配方：豆蔻5g，白扁豆5g，华夫粉90g，鸡蛋50g（1个），
水20g。

制作：取豆蔻、白扁豆，研磨成细粉。合并华夫粉加入
容器内，混合均匀。再加入鸡蛋、水，搅拌均匀。
倒入模具，烘焙至成熟。

功效：健脾化湿，和中消暑。

释义：暑热之季，湿热困阻人体气机，人多食欲不振、
胸闷不舒，豆蔻、白扁豆融于华夫同食，醒脾去
湿，可调炎热季节之不适。

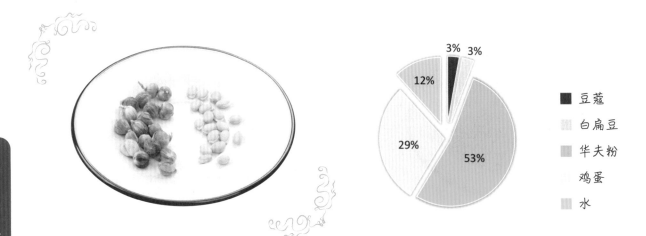

3% 3%
12%
29%
53%

■ 豆蔻
  白扁豆
  华夫粉
  鸡蛋
  水

豆蔻 Doukou

Amomi Fructus Rotundus

本品为姜科植物白豆蔻*Amomum kravanh* Pierre ex Gagnep.或爪哇白豆蔻 *Amomum compactum* Soland ex Maton 的干燥成熟果实。按产地不同分为"原豆蔻"和"印尼白蔻"。

【性味与归经】 辛，温。归肺、脾、胃经。

【功能与主治】 化湿行气，温中止呕，开胃消食。用于湿浊中阻，不思饮食，湿温初起，胸闷不饥，寒湿呕逆，胸腹胀痛，食积不消。

佩兰 Peilan

Eupatorii Herba

本品为菊科植物佩兰*Eupatorium fortunei turcz.*的干燥地上部分。

【性味与归经】 辛，平。归脾、胃、肺经。

【功能与主治】 芳香化湿，醒脾开胃，发表解暑。用于湿浊中阻，脘痞呕恶，口中甜腻，口臭，多涎，暑湿表证，湿温初起，发热倦怠，胸闷不舒。

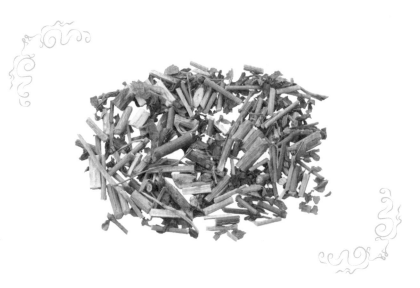

香薷 Xiangru

Moslae Herba

本品为唇形科植物石香薷 *Mosla chinensis Maxim.* 或江香薷 *Mosla chinensis* ‘*Jiangxiangru*’ 的干燥地上部分。前者习称 "青香薷"，后者习称 "江香薷"。

【性味与归经】 辛，微温。归肺、胃经。

【功能与主治】 发汗解表，化湿和中。用于暑湿感冒，恶寒发热，头痛无汗，腹痛吐泻，水肿，小便不利。

白扁豆 *Baibiandou*

Lablab Semen Album

本品为豆科植物扁豆*Dolichos lablab L.*的干燥成熟种子。

【性味与归经】 甘，微温。归脾、胃经。

【功能与主治】 健脾化湿，和中消暑。用于脾胃虚弱，
食欲不振，大便溏泄，白带过多，暑湿
吐泻，胸闷腹胀。炒白扁豆健脾化湿。
用于脾虚泄泻，白带过多。

扁豆花 *Biandouhua*

Flower of Hyacinth Dolichos

本品为豆科植物扁豆*Dolichos lablab L.*的花。

【性味与归经】 甘淡，平，无毒。归脾、胃、大肠经。

【功能与主治】 解暑化湿，和中健脾。主夏伤暑湿，发
热，泄泻，痢疾，赤白带下，跌打伤肿。

湿热体质者的选择

The choice of damp heat constitution

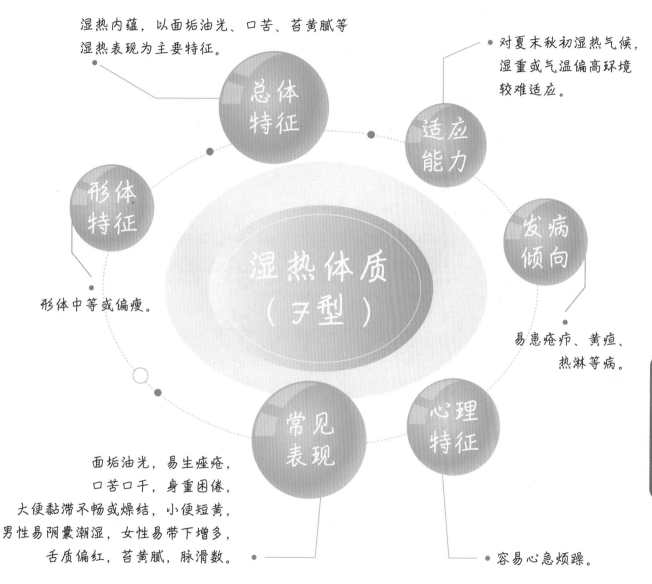

湿热内蕴，以面垢油光、口苦、苔黄腻等
湿热表现为主要特征。

对夏末秋初湿热气候，
湿重或气温偏高环境
较难适应。

总体特征

适应能力

形体特征

发病倾向

湿热体质（子型）

形体中等或偏瘦。

易患疮疖、黄疸、
热淋等病。

常见表现

心理特征

面垢油光，易生痤疮，
口苦口干，身重困倦，
大便黏滞不畅或燥结，小便短黄，
男性易阴囊潮湿，女性易带下增多，
舌质偏红，苔黄腻，脉滑数。

容易心急烦躁。

蒲公英

咖啡及其茶

蒲公英咖啡

Dandelion Coffee

配方： 蒲公英根1g，野菊花1g，甘草1g，咖啡豆17g。

制作： 取蒲公英根、甘草，合并磨成粗粉，再加入咖啡
豆、野菊花，中细研磨。萃取、滴漏或者手冲，
可得2杯咖啡。

功效： 清热解毒，利尿泻火。

释义： 湿热内蕴，易致疮疖，小便热涩不畅，蒲公英与
野菊花，擅清解热毒，清利小便，甘草调和，咖
啡醒神利尿，小便清利则湿热所致诸症得解。

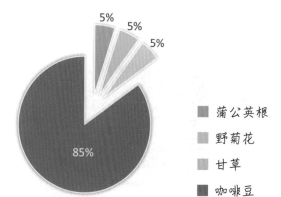

5%
5%
5%

85%

■ 蒲公英根
■ 野菊花
■ 甘草
■ 咖啡豆

蒲公英桑菊茶

Dandelion Tea with Mulberry Leaf and Chrysanthemum

配方：蒲公英叶3g，桑叶3g，菊花3g，蜂蜜30g，水500g。

制作：取蒲公英叶、桑叶、菊花，置蒸茶器具内，加水蒸至沸腾5分钟。取茶汤，加入蜂蜜，搅拌均匀。

功效：清热解毒，清肺润燥，清肝明目。

释义：肺热致咳、咽干等，肝热可致烦躁易怒、目赤目昏等，蒲公英、桑叶、菊花相伍，清解肺肝热毒，尤适于湿热体质之人及夏末秋初湿热之季。

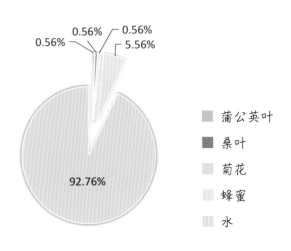

0.56% 0.56%
0.56% 5.56%
92.76%

- 蒲公英叶
- 桑叶
- 菊花
- 蜂蜜
- 水

蒲公英华夫

Dandelion Waffle

配方：蒲公英根5g，薏苡仁5g，华夫粉90g，鸡蛋50g(1个)，
水20g。

制作：取蒲公根、薏苡仁，研磨成细粉。合并华夫粉加
入容器内，混合均匀。再加入鸡蛋、水，搅拌均
匀。倒入模具，烘焙至成熟。

功效：清热解毒，祛湿利尿。

释义：蒲公英擅清热，薏苡仁擅祛湿，二者相须为用，
协同增效，与华夫同食，能预防和纠正疔疮肿毒、
目赤、咽痛、小便热涩之症。

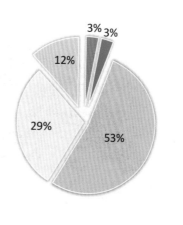

3% 3%
12%
29%
53%

■ 蒲公英根
■ 薏苡仁
■ 华夫粉
□ 鸡蛋
▥ 水

蒲公英 Pugongying

Taraxaci Herba

本品为菊科植物蒲公英*Taraxacum mongolicum* Hand.-Mazz.、碱地蒲公英*Taraxacum borealisinense* Kitam.或同属数种植物的干燥全草。

【性味与归经】 苦、甘，寒。归肝、胃经。

【功能与主治】 清热解毒，消肿散结，利尿通淋。用于疔疮肿毒，乳痈，瘰疬，目赤，咽痛，肺痈，肠痈，湿热黄疸，热淋涩痛。

野菊花 Yejuhua

Chrysanthemi Indici Flos

本品为菊科植物野菊*Chrysanthemum indicum L.*的干燥头状花序。

【性味与归经】 苦、辛，微寒。归肝、心经。

【功能与主治】 清热解毒，泻火平肝。用于疔疮痈肿，
目赤肿痛，头痛眩晕。

桑叶 *Sangye*

Mori Folium

本品为桑科植物桑 *Morus alba L.*的干燥叶。

【性味与归经】 甘、苦，寒。归肺、肝经。

【功能与主治】 疏散风热，清肺润燥，清肝明目。用于
风热感冒，肺热燥咳，头晕头痛，目赤
昏花。

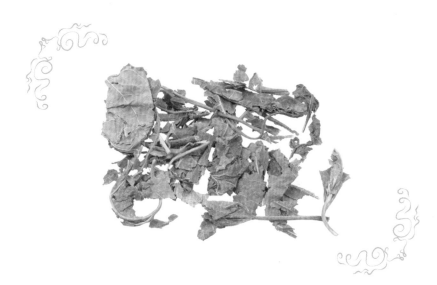

菊花 Juhua

Chrysanthemi Flos

本品为菊科植物菊 *Chrysanthemum morifolium Ramat.*的干燥头状花序。药材按产地和加工方法不同，分为"亳菊""滁菊""贡菊""杭菊""怀菊"。

【性味与归经】 甘、苦，微寒。归肺、肝经。

【功能与主治】 散风清热，平肝明目，清热解毒。用于风热感冒，头痛眩晕，目赤肿痛，眼目昏花，疮痈肿毒。

金银花

咖啡及其茶

金银花咖啡

Honeysuckle Coffee

配方：金银花1g，芦根1g，甘草1g，咖啡豆17g。

制作：取芦根、甘草，合并磨成粗粉，再加入咖啡豆、金银花，中细研磨。萃取、滴漏或者手冲，可得2杯咖啡。

功效：清热解毒，疏散风热，生津止渴，除烦提神。

释义：金银花配伍芦根，清解一身上下之热毒，对外感风热与湿热内蕴所致的口渴咽干、痈肿疔疮均有防治作用，甘草调和，与咖啡同饮，除烦醒神。

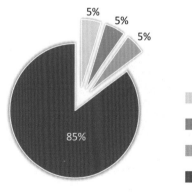

5%　5%　5%

85%

■ 金银花
■ 芦根
■ 甘草
■ 咖啡豆

金银花红茶

Black Tea with Honeysuckle

配方：金银花5g，白茅根5g，红茶10g，水500g。

制作：将金银花、白茅根、红茶，置蒸茶器具内，加水蒸至沸腾5分钟。结合口感，可以加入牛奶，调制成奶茶饮用。

功效：清热解毒，疏散风热，凉血利尿。

释义：白茅根擅利尿，与金银花相配，使湿热之邪从小便而解，两者合用又能清热凉血，对血热所致的鼻衄等有调治作用，合红茶增益醒神利尿之功。

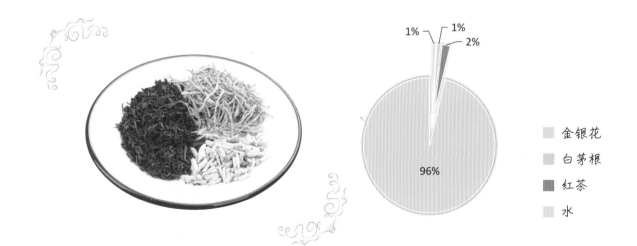

1%　1%　2%

96%

金银花
白茅根
红茶
水

金银花蜜茶

Honey Tea with Honeysuckle

配方：金银花10g，鱼腥草10g，蜂蜜30g，水500g。

制作：将金银花、鱼腥草，置泡茶器具内，加入开水，浸
泡至5分钟。取茶汤，加入蜂蜜，搅拌均匀。

功效：清热解毒，疏散风热。

释义：金银花与鱼腥草配伍，力在清解肺热，以蜂蜜调
和，尤适于吸烟肺热肺燥易咳之人。

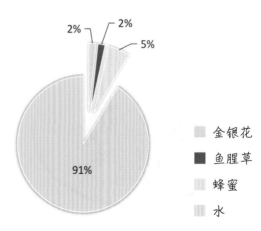

2%　　2%

5%

91%

金银花
鱼腥草
蜂蜜
水

金银花华夫

Honeysuckle Waffle

配方： 金银花3g，莲子12g，华夫粉85g，鸡蛋50g（1个），
水20g。

制作： 取金银花、莲子，研磨成细粉。合并华夫粉加入
容器内，混合均匀。再加入鸡蛋、水，搅拌均匀。
倒入模具，烘焙至成熟。

功效： 清热解毒，健脾和胃，养心安神。

释义： 金银花清解热毒，莲子擅补脾养心安神，二者与
华夫同食，和胃安神又能清解烦闷，尤适于夏季
闷热之时。

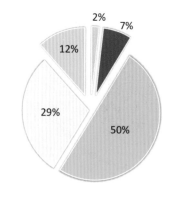

2%
7%
12%
29%
50%

金银花
莲子
华夫粉
鸡蛋
水

金银花 *Jinyinhua*

Lonicerae Japonicae Flos

本品为忍冬科植物忍冬 *Lonicera japonica hunb.* 的干燥花蕾或带初开的花。

【性味与归经】 甘，寒。归肺、心、胃经。

【功能与主治】 清热解毒，疏散风热。用于痈肿疔疮，喉痹，丹毒，热毒血痢，风热感冒，温病发热。

芦根 *Lugen*

Phragmitis Rhizoma

本品为禾本科植物芦苇*Phragmites communis trin.*的新鲜或干燥根茎。

【性味与归经】 甘，寒。归肺、胃经。

【功能与主治】 清热泻火，生津止渴，除烦，止呕，利尿。用于热病烦渴，肺热咳嗽，肺痈吐脓，胃热呕哕，热淋涩痛。

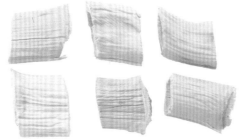

鱼腥草 *Yuxingcao*

Houttuyniae Herba

本品为三白草科植物蕺菜 *Houttuynia cordata Thunb.* 的新鲜全草或干燥地上部分。

【性味与归经】 辛，微寒。归肺经。

【功能与主治】 清热解毒，消痈排脓，利尿通淋。用于肺痈吐脓，痰热喘咳，热痢，热淋，痈肿疮毒。

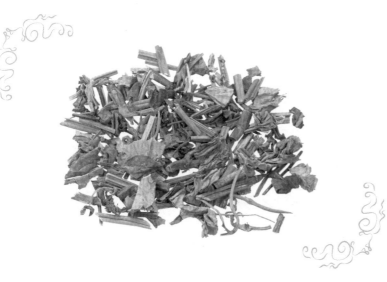

白茅根 *Baimaogen*

Imperatae Rhizoma

本品为禾本科植物白茅*Imperata cylindrica Beauv.var.major*（Nees）*C.E.Hubb.*的干燥根茎。

【性味与归经】 甘，寒。归肺、胃、膀胱经。

【功能与主治】 凉血止血，清热利尿。用于血热吐血，衄血，尿血，热病烦渴，湿热黄疸，水肿尿少，热淋涩痛。

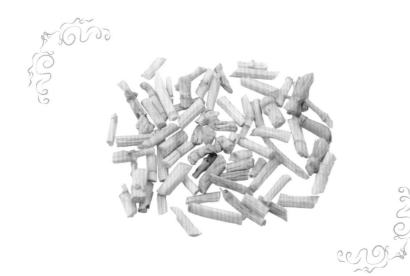

莲子 *Lianzi*

Nelumbinis Semen

本品为睡莲科植物莲 *Nelumbo nucifera Gaertn.* 的干燥成熟种子。

【性味与归经】 甘、涩，平。归脾、肾、心经。

【功能与主治】 补脾止泻，止带，益肾涩精，养心安神。用于脾虚泄泻，带下，遗精，心悸失眠。

薄荷

咖啡及其茶

薄荷咖啡

Mint Coffee

配方：薄荷2g，甘草1g，咖啡豆17g。

制作：取薄荷、甘草，合并磨成粗粉，再加入咖啡豆，中细研磨。萃取、滴漏或者手冲后，可得2杯咖啡。

功效：疏散风热，清利头目，利咽疏肝。

释义：薄荷清透芳香，擅透热解郁，甘草调和，与咖啡同饮，尤适于夏热之季、体热之人，能调治热扰清窍的头昏目涩，郁闷不舒，口渴咽干等症。

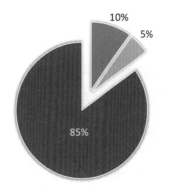

10%

5%

85%

■ 薄荷

■ 甘草

■ 咖啡豆

薄荷藿香红茶

Black Tea with Mint and Agastache Rugosa

配方：薄荷3g，藿香3g，红茶10g，水500g。

制作：取薄荷、藿香、红茶，置泡茶器具内，加入开水，浸泡5分钟。结合口感，可以加入牛奶，调制成奶茶饮用。

功效：清解暑热，芳香化浊，和中止呕。

释义：暑热之季，湿热外扰内困，易致头痛目赤，喉痹口疮，脘痞呕吐，发热倦怠，胸闷不舒等症，薄荷与藿香相配，与红茶同饮，可缓解以上诸症。

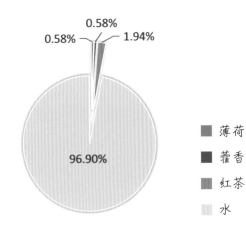

0.58%

0.58%　1.94%

96.90%

■ 薄荷
■ 藿香
■ 红茶
　水

薄荷青果蜜茶

Honey Tea with Mint and Chinese Olive

配方：薄荷3g，青果10g，蜂蜜30g，水500g。

制作：取薄荷、青果，置煮茶器内，加水煮至沸腾5分钟。取茶汤，加入蜂蜜，搅拌均匀。

功效：清热解毒，利咽，生津。

释义：薄荷配青果，在清热解毒的同时增强了利咽、生津的功效，以蜂蜜调和，可缓咽喉肿痛，烦热口渴之症。

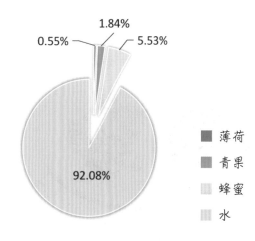

0.55%　1.84%　5.53%

92.08%

- ■ 薄荷
- ■ 青果
- ■ 蜂蜜
- ■ 水

薄荷华夫

Mint Waffle

配方：薄荷3g，广藿香3g，华夫粉94g，鸡蛋50g（1个），
水20g。

制作：取薄荷、广藿香，研磨成细粉。合并华夫粉加入
容器内，混合均匀。再加入鸡蛋、水，搅拌均匀。
倒入模具，烘焙至成熟。

功效：芳香化浊，和中止呕，发表解暑。

释义：薄荷与广藿香清透芳香，与华夫同食，不仅丰富
华夫口味，亦对湿热季节容易出现的头痛目赤，
喉痹口疮，脘痞呕吐，发热倦怠，胸闷不舒等症
有良好的调治作用。

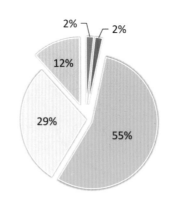

2% 2%
12%
29%
55%

■ 薄荷
■ 广藿香
华夫粉
鸡蛋
水

薄荷 *Bohe*

Menthae Haplocalycis Herba

本品为唇形科植物薄荷 *Mentha haplocalyx* Briq.的干燥地上部分。

【性味与归经】　辛，凉。归肺、肝经。

【功能与主治】　疏散风热，清利头目，利咽，透疹，疏肝行气。用于风热感冒，风温初起，头痛，目赤，喉痹，口疮，风疹，麻疹，胸胁胀闷。

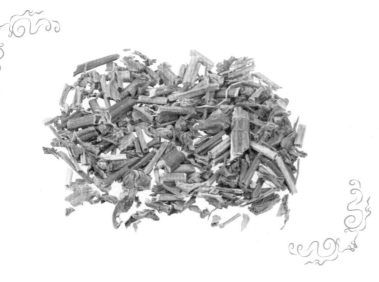

广藿香 *Guanghuoxiang*

Pogostemonis Herba

本品为唇形科植物广藿香 *Pogostemon cablin*（Blanco）Benth.
的干燥地上部分。

【性味与归经】 辛，微温。归脾、胃、肺经。

【功能与主治】 芳香化浊，和中止呕，发表解暑。用
于湿浊中阻，脘痞呕吐，暑湿表证，
湿温初起，发热倦怠，胸闷不舒，寒
湿闭暑，腹痛吐泻，鼻渊头痛。

青果 Qingguo

Canarii Fructus

本品为橄榄科植物橄榄 *Canarium album Raeusch.* 的干燥成熟果实。

【性味与归经】 甘、酸，平。归肺、胃经。

【功能与主治】 清热解毒，利咽，生津。用于咽喉肿痛，咳嗽痰黏，烦热口渴，鱼蟹中毒。

牛蒡咖啡及其茶

牛蒡咖啡

Fructus Arctii Coffee

配方：炒牛蒡子2g，甘草1g，咖啡豆17g。

制作：取炒牛蒡子、甘草，合并磨成粗粉，再加入咖啡豆，中细研磨。萃取、滴漏或者手冲后，可得2杯咖啡。

功效：疏散风热，宣肺透疹，解毒利咽。

释义：牛蒡子长于疏散风热，用于调治风热袭肺导致的肺气不宣、咳嗽咽痛等，甘草亦可解毒利咽，与咖啡同饮，尤适于外感风热之时。

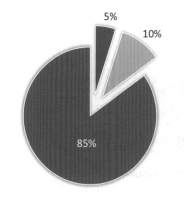

5%
10%
85%

■ 炒牛蒡子
■ 甘草
■ 咖啡豆

牛蒡苦丁茶

Fructus Arctii Tea with Kuding

配方：牛蒡根5g，淡竹叶5g，苦丁茶3g，甘草3g，水500g。

制作：取牛蒡根、淡竹叶、苦丁茶、甘草，置煮茶器内，加水煮至沸腾5分钟。

功效：疏风清热，明目生津，泻火除烦。

释义：牛蒡根与淡竹叶相须为用，调治风热感冒，咽喉肿痛，烦渴，小便短赤涩痛，口舌生疮等症，以甘草调和，与甘苦寒的苦丁茶同饮，亦能协同增效。

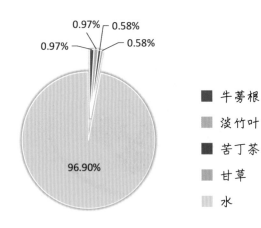

0.97%　0.58%

0.97%　0.58%

96.90%

- ■ 牛蒡根
- 淡竹叶
- ■ 苦丁茶
- 甘草
- 水

牛蒡华夫

Fructus Arctii Waffle

配方：牛蒡根10g，华夫粉100g，鸡蛋50g（1个），水20g。

制作：取牛蒡根，研磨成细粉。合并华夫粉加入容器内，混合均匀。再加入鸡蛋、水，搅拌均匀。倒入模具，烘焙至成熟，能烤制松饼或者华夫饼3~4枚。

功效：疏散风热，解毒消肿。

释义：牛蒡根与华夫粉同制华夫，在丰富口味的同时增益散热解毒之功，尤适用于风热感冒，头痛咽痛之人。

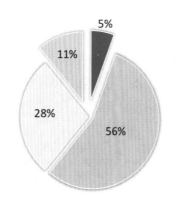

5%
11%
28%
56%

 牛蒡根

 华夫粉

鸡蛋

水

牛蒡子 *Niubangzi*

Arctii Fructus

本品为菊科植物牛蒡 *Arctium lappa L.* 的干燥成熟果实。

【性味与归经】 辛、苦，寒。归肺、胃经。

【功能与主治】 疏散风热，宣肺透疹，解毒利咽。用于风热感冒，咳嗽痰多，麻疹，风疹，咽喉肿痛，痄腮，丹毒，痈肿疮毒。

牛蒡根 Niubanggen

Burdock Root

本品为菊科植物牛蒡*Arctium lappa L.*的根。

【性味与归经】 苦、微甘，凉。归肺、心经。

【功能与主治】 散风热，消毒肿。用于风热感冒，头痛，咳嗽，热毒面肿，咽喉肿痛，齿龈肿痛，风湿痛痛，瘰疬积块，痈疽恶疮，痔疮脱肛。

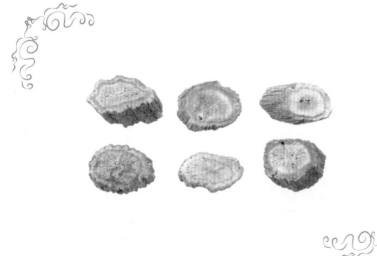

苦丁茶 *Kudingcha*

本品为冬青科植物枸骨 *Ilex cornuta lindl.ex Paxt* 和大叶冬青 *Ilex latifolia thunb.* 的嫩叶。

【性味与归经】 甘、苦，寒。归肝、肺、胃经。

【功能与主治】 疏风清热，明目生津。主风热头痛，齿痛，目赤，聤耳，口疮，热病烦渴，泄泻，痢疾等。

淡竹叶 *Danzhuye*

Lophatheri Herba

本品为禾本科植物淡竹叶 *Lophatherum gracile Brongn.*的干燥茎叶。

【性味与归经】　甘、淡，寒。归心、胃、小肠经。

【功能与主治】　清热泻火，除烦止渴，利尿通淋。用于热病烦渴，小便短赤涩痛，口舌生疮。

决明子

咖啡及其茶

决明子咖啡

Cassia Seed Coffee

配方：炒决明子2g，甘草1g，咖啡豆17g。

制作：取炒决明子、甘草，合并磨成粗粉，再加入咖啡豆，中细研磨。萃取、滴漏或者手冲后，可得2杯咖啡。

功效：清热明目，润肠通便。

释义：决明子入肝、大肠经，擅清此两经之热，肝经风热时因肝开窍于目，易出现目赤涩痛，羞明多泪，头痛眩晕等症，大肠热盛时易出现大便秘结，决明子与咖啡同饮，有利于缓解上述诸症。

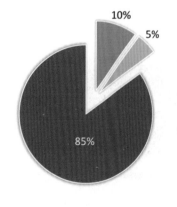

10%
5%
85%

■ 炒决明子
■ 甘草
■ 咖啡豆

决明墨旱莲红茶

Black Tea with Cassia Seed and Eclipta

配方：炒决明子5g，墨旱莲5g，红茶10g，水500g。

制作：取炒决明子、墨旱莲、红茶，置煮茶器内，加水煮至沸腾5分钟。结合口感，可以加入牛奶，调制成奶茶饮用。

功效：清热明目，凉血润肠。

释义：热邪灼伤血络，易致出血，如鼻衄、牙龈出血等，决明子与墨旱莲相配，可清热凉血止血，与红茶同饮，又能明目、润肠通便。

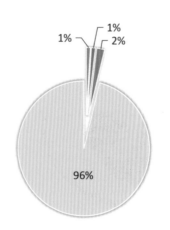

1%　1%

1%　2%

96%

■ 炒决明子
■ 墨旱莲
▦ 红茶
▢ 水

决明槐花蜜茶

Honey Tea with Cassia Seed and Flos Sophorae

配方：炒决明子10g，槐花10g，蜂蜜30g，水500g。

制作：取炒决明子、槐花，置煮茶器内，煮至沸腾5分钟。取茶汤，加入蜂蜜，搅拌均匀。

功效：清肝明目，凉血止血。

释义：决明子与槐花相配，能缓解肝经热盛所致目赤目涩，又擅凉血止血，以蜂蜜调和，可缓解热迫血络导致的便血、痔血、崩漏、衄血等症，尤适用于素有痔疮之人。

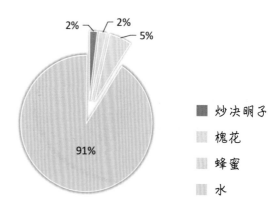

2% 2%
5%
91%

■ 炒决明子
■ 槐花
■ 蜂蜜
■ 水

决明子华夫

Cassia Seed Waffle

配方：炒决明子5g，柏子仁5g，华夫粉90g，鸡蛋50g
（1个），水20g。

制作：取炒决明子、柏子仁，研磨成细粉。合并华夫粉
加入容器内，混合均匀。再加入鸡蛋、水，搅拌
均匀。倒入模具，烘焙至成熟。

功效：清热明目，养心安神，润肠通便。

释义：热扰心神易致烦躁，热损伤津液易致便秘，决明
子擅清热明目润肠，柏子仁润肠通便又能安养心
神，二者与华夫同食，能调节心烦失眠、肠燥便
秘之症。

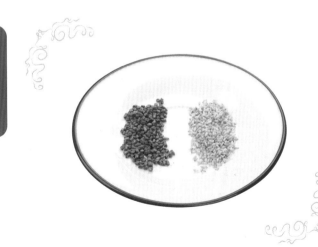

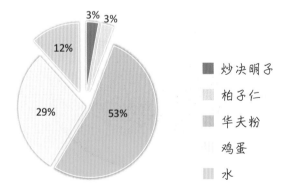

- 炒决明子
- 柏子仁
- 华夫粉
- 鸡蛋
- 水

决明子 *Juemingzi*

Cassiae Semen

本品为豆科植物决明 *Cassia obtusifolia L.* 或小决明 *Cassia tora L.* 的干燥成熟种子。

【性味与归经】 甘、苦、咸，微寒。归肝、大肠经。

【功能与主治】 清热明目，润肠通便。用于目赤涩痛，羞明多泪，头痛眩晕，目暗不明，大便秘结。

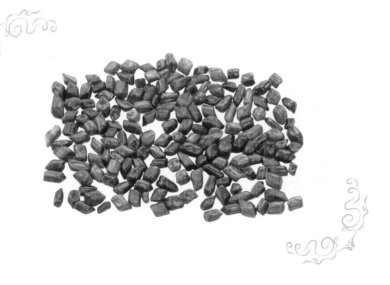

墨旱莲 *Mohanlian*

Ecliptae Herba

本品为菊科植物鳢肠*Eclipta prostrata L.*的干燥地上部分。

【性味与归经】 甘、酸，寒。归肾、肝经。

【功能与主治】 滋补肝肾，凉血止血。用于肝肾阴虚，
牙齿松动，须发早白，眩晕耳鸣，腰膝
酸软，阴虚血热吐血，衄血，尿血，
血痢，崩漏下血，外伤出血。

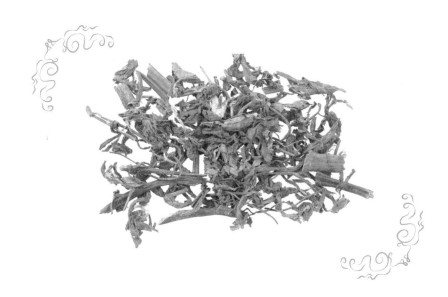

槐花 *Huaihua*

Sophorae Flos

本品为豆科植物槐*Sophora japonica L.*的干燥花及花蕾。

【性味与归经】 苦，微寒。归肝、大肠经。

【功能与主治】 凉血止血，清肝泻火。用于便血，痔血，
血痢，崩漏，吐血，衄血，肝热目赤，
头痛眩晕。

柏子仁 *Baiziren*

Platycladi Semen

本品为柏科植物侧柏 *Platycladus orientalis*（*L.*）*Franco* 的干燥成熟种仁。

【性味与归经】 甘，平。归心、肾、大肠经。

【功能与主治】 养心安神，润肠通便，止汗。用于阴血不足，虚烦失眠，心悸怔忡，肠燥便秘，阴虚盗汗。

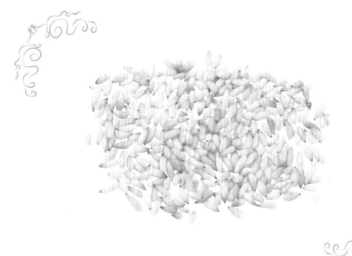

血瘀体质者的选择

The choice of blood stasis constitution

血行不畅，以肤色晦暗、舌质紫暗等
血瘀表现为主要特征。

不耐受寒邪。

总体
特征

适应
能力

形体
特征

发病
倾向

血瘀体质
（G型）

胖瘦均见。

易患癥瘕及痛证等。

常见
表现

心理
特征

肤色晦暗，色素沉着，
容易出现瘀斑，口唇暗淡，
舌暗或有瘀点，
舌下络脉紫暗或增粗，脉涩。

易烦健忘。

银杏咖啡及其茶

银杏咖啡

Ginkgo Coffee

配方：银杏叶2g，甘草1g，咖啡豆17g。

制作：取银杏叶、甘草，合并磨成粗粉，再加入咖啡豆，中细研磨。萃取、滴漏或者手冲，可得2杯咖啡。

功效：活血化瘀，通络止痛，化浊降脂。

释义：血行不畅，化为瘀血，阻滞脉络，不通则痛，因此瘀血体质之人易出现各种疼痛，银杏叶擅长活血祛瘀止痛，亦具有明确的降低人体血液中胆固醇水平功效，银杏叶与咖啡同饮，降脂通脉。

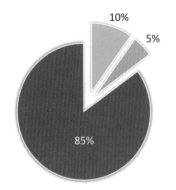

10%

5%

85%

银杏叶

甘草

咖啡豆

银杏山楂红茶

Black Tea with Ginkgo and Hawthorn

配方：银杏叶3g，山楂3g，炒麦芽5g，红茶10g，水500g。

制作：取银杏叶、山楂、炒麦芽、红茶，置煮茶器具内，加水煮至沸腾5分钟。结合口感，可以加入牛奶，调制成奶茶饮用。

功效：行气散瘀，化浊降脂，消食健胃。

释义：银杏叶与山楂均擅化瘀，二者协同增效，山楂与麦芽相配，又益行气和胃消食之功，三者与红茶同饮，可降血脂，通脉络，和脾胃。

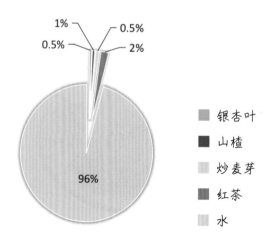

1%
0.5%
0.5%
2%
96%

■ 银杏叶
■ 山楂
■ 炒麦芽
■ 红茶
■ 水

银杏三七绿茶

Green Tea with Ginkgo and Pseudo-ginseng Leaf

配方：银杏叶3g，三七叶3g，绿茶10g，水500g。

制作：取银杏叶、三七叶、绿茶，置蒸茶器具内，加水蒸至沸腾5分钟。

功效：散瘀止血，降脂定痛。

释义：李时珍誉三七为"金不换"，三七活血亦止血，对血液循环有良好的调节作用，与银杏叶相须为用，化瘀降脂，改善冠脉血流，二者与绿茶同饮，亦可抗衰老，提升免疫力。

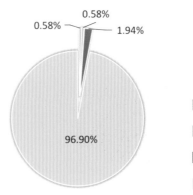

0.58%
0.58%
1.94%
96.90%

银杏叶
三七叶
绿茶
水

银杏三七花茶

Ginkgo Tea and Pseudo-ginseng Flower

配方：银杏叶3g，三七花3g，蜂蜜30g，水500g。

制作：取银杏叶、三七花，置蒸茶器具内，加水蒸至沸腾5分钟。取茶汤，加入蜂蜜，搅拌均匀。

功效：化瘀通络，清热生津，平肝降压。

释义：银杏叶与三七花同用，可降低血液黏稠度，防止动脉硬化，增加血管通透性和弹性而降低血压。而以蜂蜜调和，日常饮用，尤适用于高血压、冠心病的防治。

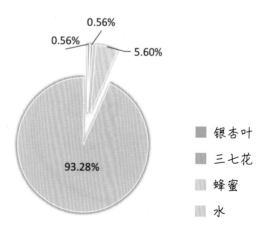

0.56%

0.56%

5.60%

93.28%

■ 银杏叶
■ 三七花
■ 蜂蜜
■ 水

银杏华夫

Ginkgo Waffle

配方：银杏叶5g，三七5g，华夫粉90g，鸡蛋50g（1个），
　　　水20g。

制作：取银杏叶、三七，研磨成细粉。合并华夫粉加入
　　　容器内，混合均匀。再加入鸡蛋、水，搅拌均匀。
　　　倒入模具，烘焙至成熟。

功效：行气散瘀，化浊降脂，健脾和胃。

释义：三七与人参同属五加科植物，具有与人参类似的
　　　补益作用，又擅活血祛瘀，与银杏、华夫粉一起
　　　制成华夫，降脂降压，行气和胃。

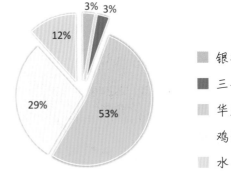

3% 3%

12%

29%

53%

■ 银杏叶
■ 三七
■ 华夫粉
　鸡蛋
　水

银杏叶 *Yinxingye*

Ginkgo Folium

本品为银杏科植物银杏 *Ginkgo biloba L.* 的干燥叶。

【性味与归经】 甘、苦、涩，平。归心、肺经。

【功能与主治】 活血化瘀，通络止痛，敛肺平喘，化浊
降脂。用于瘀血阻络，胸痹心痛，中风
偏瘫，肺虚咳喘，高脂血症。

山楂 *Shanzha*

Crataegi Fructus

本品为蔷薇科植物山里红*Crataegus pinnatifida Bge.var.major N.E.Br.*或山楂*Crataegus pinnatifida Bge.*的干燥成熟果实。

【性味与归经】 酸、甘，微温。归脾、胃、肝经。

【功能与主治】 消食健胃，行气散瘀，化浊降脂。用于肉食积滞，胃脘胀满，泻痢腹痛，瘀血经闭，产后瘀阻，心腹刺痛，胸痹心痛，疝气疼痛，高脂血症。焦山楂消食导滞作用较强。用于肉食积滞，泻痢不爽。

麦芽 *Maiya*

Hordei Fructus Germinatus

本品为禾本科植物大麦 *Hordeum vulgare L.* 的成熟果实经发芽干燥的炮制加工品。

【性味与归经】 甘，平。归脾、胃经。

【功能与主治】 行气消食，健脾开胃，回乳消胀。用于食积不消，脘腹胀痛，脾虚食少，乳汁郁积，乳房胀痛，妇女断乳，肝郁胁痛，肝胃气痛。生麦芽健脾和胃，疏肝行气。用于脾虚食少，乳汁郁积。炒麦芽行气消食回乳。用于食积不消，妇女断乳。焦麦芽消食化滞。用于食积不消，脘腹胀痛。

三七 Sanqi

Notoginseng Radix et Rhizoma

本品为五加科植物三七*Panax notoginseng*（Burk.）F.H.Chen 的干燥根和根茎。支根习称"筋条"，根茎习称"剪口"。

【性味与归经】 甘、微苦，温。归肝、胃经。

【功能与主治】 散瘀止血，消肿定痛。用于咯血，吐血，衄血，便血，崩漏，外伤出血，胸腹刺痛，跌仆肿痛。

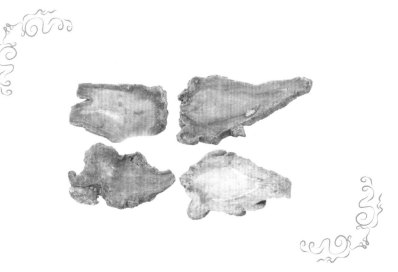

三七花 *Sanqihua*

本品为五加科植物三七 *Panax notoginseng*（Burk.）*F.H.Chen* 的干燥花序。

【性味与归经】 甘，凉。归肝、肾经。

【功能与主治】 清热生津，平肝降压。用于津伤口渴，咽痛音哑，高血压病。

三七叶 *Sanqiye*

本品为五加科植物三七*Panax notoginseng*（Burk.）F.H.Chen 的干燥叶。

【性味与归经】 辛、温。归肝、胃经。

【功能与主治】 散瘀止血，消肿定痛。主吐血，衄血，便血，外伤出血，跌打肿痛，痈肿疮毒。

牛膝咖啡及其茶

牛膝咖啡

Achyranthes Bidentata Coffee

配方：牛膝2g，甘草1g，咖啡豆17g。

制作：取牛膝、甘草，合并磨成粗粉，再加入咖啡豆，中细研磨。萃取、滴漏或者手冲，可得2杯咖啡。

功效：逐瘀通经，补肝肾，强筋骨，利尿醒神。

释义：牛膝归肝、肾经，功擅通瘀，调整女性月经，又有良好的补益作用，补益肝肾以强壮筋骨，与咖啡同饮，兼具通利小便、提神醒脑之功。

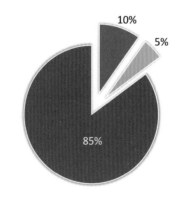

■ 牛膝
■ 甘草
■ 咖啡豆

牛膝茜草红茶

Black Tea with Achyranthes Bidentata and Madder

配方：牛膝5g，茜草5g，红茶10g，水500g。

制作：取牛膝、茜草、红茶，置煮茶器具内，加水煮至沸腾5分钟。结合口感，可以加入牛奶，调制成奶茶饮用。

功效：祛瘀止血，通经强筋。

释义：瘀血阻于脉道，致血液不能循于常道，易导致出血之症，如吐血，衄血，崩漏等，牛膝与茜草相配，既擅化瘀活血，又止血，亦与红茶同补肝肾，三者共饮，共奏调经，强筋壮骨之功。

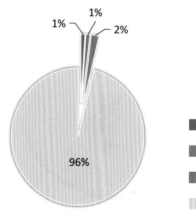

1% 1% 2%

96%

■ 牛膝
■ 茜草
■ 红茶
▨ 水

牛膝华夫

Achyranthes Bidentate Waffle

配方：牛膝5g，金樱子5g，华夫粉90g，鸡蛋50g（1个），
水20g。

制作：取牛膝、金樱子，研磨成细粉。合并华夫粉加入
容器内，混合均匀。再加入鸡蛋、水，搅拌均匀。
倒入模具，烘焙至成熟。

功效：补益肝肾，逐瘀通经，固精缩尿。

释义：牛膝擅补肝肾，金樱子功擅固摄，肝肾精气充足
则固摄力强，可防治遗精遗尿、崩漏、久泻等，
又牛膝可逐瘀通经，使固摄而不滞，二者与华夫
同食，有良好保健作用。

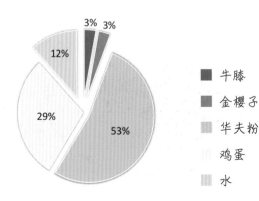

- 3% 3%
- 12%
- 29%
- 53%

牛膝
金樱子
华夫粉
鸡蛋
水

牛膝 *Niuxi*

Achyranthis Bidentatae Radix

本品为苋科植物牛膝*Achyranthes bidentata* Bl.的干燥根。

【性味与归经】 苦、甘、酸，平。归肝、肾经。

【功能与主治】 逐瘀通经，补肝肾，强筋骨，利尿通淋，引血下行。用于经闭，痛经，腰膝酸痛，筋骨无力，淋证，水肿，头痛，眩晕，牙痛，口疮，吐血，衄血。

茜草 Qiancao

Rubiae Radix et Rhizoma

本品为茜草科植物茜草 *Rubia cordifolia* *L.*的干燥根和根茎。

【性味与归经】 苦，寒。归肝经。

【功能与主治】 凉血，祛瘀，止血，通经。用于吐血，衄血，崩漏，外伤出血，瘀阻经闭，关节痹痛，跌仆肿痛。

金樱子 *Jinyingzi*

Rosae Laevigatae Fructus

本品为蔷薇科植物金樱子 *Rosa laevigata Michx.* 的干燥成熟果实。

【性味与归经】　酸、甘、涩，平。归肾、膀胱、大肠经。

【功能与主治】　固精缩尿，固崩止带，涩肠止泻。用于遗精滑精，遗尿尿频，崩漏带下，久泻久痢。

当归咖啡及其茶

当归咖啡

Angelica Coffee

配方：当归1g，红花1g，甘草1g，咖啡豆17g。

制作：取当归、甘草，合并磨成粗粉，再加入咖啡豆、红花，中细研磨。萃取、滴漏或者手冲，可得2杯咖啡。

功效：补血活血，散瘀止痛。

释义：当归与红花相配，活血逐瘀，又因当归功擅补血，使祛瘀而无耗血之虞，二者以甘草调和，与咖啡同饮，可缓经闭痛经、胸痹心痛等症，又可美容养颜。

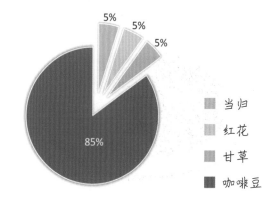

5%
5%
5%
85%

当归
红花
甘草
咖啡豆

当归丹参红茶

Black Tea with Angelica and Salvia Miltiorrhiza

配方：当归3g，丹参5g，甘草3g，红茶10g，水500g。

制作：取当归、丹参、甘草、红茶，置煮茶器具内，加水煮至沸腾5分钟。结合口感，可以加入牛奶，调制成奶茶饮用。

功效：活血祛瘀，通经止痛，清心除烦。

释义：当归配丹参，祛除血液瘀滞，又充养血液，缓解各种血瘀所致之痛证，如痛经、头痛、胃痛等，二者入心经，又可清心除烦，甘草调和亦缓急，借红茶温胃醒神之效，功效益彰。

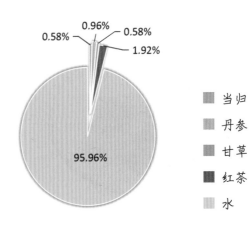

0.96%

0.58%　　0.58%

1.92%

95.96%

- 当归
- 丹参
- 甘草
- 红茶
- 水

当归桃仁华夫

Angelica Waffle with Peach Kernel

配方：当归3g，红花2g，桃仁5g，华夫粉90g，鸡蛋50g
（1个），水20g。

制作：取当归、红花、桃仁，研磨成细粉。合并华夫粉
加入容器内，混合均匀。再加入鸡蛋、水，搅拌
均匀。倒入模具，烘焙至成熟。

功效：活血补血，调经止痛，润肠通便，润泽颜色。

释义：当归、红花合桃仁，能使瘀血得去，新血得养，当
归与桃仁又擅润肠通便，体内糟粕瘀滞随便得解，
三者与华夫同食，共奏调经通便、美容养颜之功。

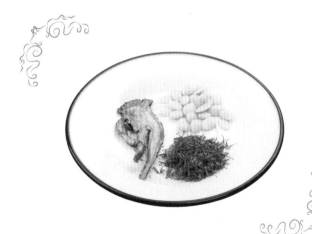

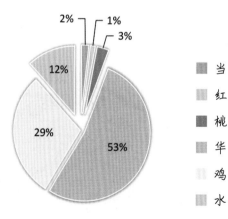

2% 1%

3%

12%

29%

53%

- 当归
- 红花
- 桃仁
- 华夫粉
- 鸡蛋
- 水

当归 *Dangqui*

Angelicae Sinensis Radix

本品为伞形科植物当归 *Angelica sinensis*（Oliv.）*Diels* 的干燥根。

【性味与归经】 甘、辛，温。归肝、心、脾经。

【功能与主治】 补血活血，调经止痛，润肠通便。用于血虚萎黄，眩晕心悸，月经不调，经闭痛经，虚寒腹痛，风湿痹痛，跌仆损伤，痈疽疮疡，肠燥便秘。酒当归活血通经。用于经闭痛经，风湿痹痛，跌仆损伤。

丹参 *Danshen*

Salviae Miltiorrhizae Radix et Rhizoma

本品为唇形科植物丹参*Salvia miltiorrhiza Bge.*的干燥根和根茎。

【性味与归经】　苦，微寒。归心、肝经。

【功能与主治】　活血祛瘀，通经止痛，清心除烦，凉血消痈。用于胸痹心痛，脘腹胁痛，癥瘕积聚，热痹疼痛，心烦不眠，月经不调，痛经经闭，疮疡肿痛。

红花 Honghua

Carthami Flos

本品为菊科植物红花 Carthamus tinctorius L.的干燥花。

【性味与归经】 辛，温。归心、肝经。

【功能与主治】 活血通经，散瘀止痛。用于经闭，痛经，
恶露不行，癥瘕痞块，胸痹心痛，瘀滞
腹痛，胸胁刺痛，跌仆损伤，疮疡肿痛。

桃仁 *Taoren*

Persicae Semen

本品为蔷薇科植物桃 *Prunus persica*（*L.*）*Batsch* 或山桃 *Prunus davidiana*（*Carr.*）*Franch.*的干燥成熟种子。

【性味与归经】 苦、甘，平。归心、肝、大肠经。

【功能与主治】 活血祛瘀，润肠通便，止咳平喘。用于经闭痛经，癥瘕痞块，肺痈肠痈，跌仆损伤，肠燥便秘，咳嗽气喘。

牡丹咖啡及其茶

牡丹咖啡

Cortex Moutan Coffee

配方：牡丹皮2g，甘草1g，咖啡豆17g。

制作：取牡丹皮、甘草，合并磨成粗粉，再加入咖啡豆，中细研磨。萃取、滴漏或者手冲，可得2杯咖啡。

功效：清热凉血，活血化瘀。

释义：素体阳盛血热之人，热灼阴血，易致瘀滞，牡丹皮长于凉血祛瘀，以甘草调和，与咖啡同饮，尤适于平素火旺易怒、衄血、痛经闭经之人。

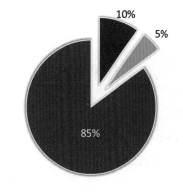

10%
5%
85%

■ 牡丹皮
■ 甘草
■ 咖啡豆

丹皮赤芍红茶

Black Tea with Cortex Moutan and Radix Paeoniae Rubra

配方：牡丹皮5g，赤芍5g，红茶10g，水500g。

制作：取牡丹皮、赤芍、红茶，置煮茶器具内，加水煮至沸腾5分钟。结合口感，可以加入牛奶，调制成奶茶饮用。

功效：清热凉血，散瘀止痛。

释义：牡丹被誉为花王，芍药被誉为花后，牡丹皮与赤芍相须为用，增益凉血散瘀之效，与偏温的红茶同饮，可制约寒凉，彰显功效。

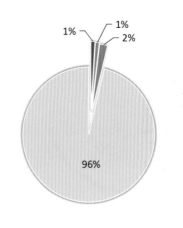

1%　1%　2%

96%

■ 牡丹皮
■ 赤芍
■ 红茶
□ 水

牡丹花茶

Subshrubby Peony Flower Tea

配方：牡丹花10g，蜂蜜30g，水500g。

制作：取牡丹花，置蒸茶器具内，加水蒸至沸腾5分钟。取茶汤，加入蜂蜜，搅拌均匀。

功效：活血调经，润泽颜色。

释义：牡丹花自古以来即作为茶饮，以蜂蜜调和，其味芳醇，擅调理女性月经，缓解痛经，又可祛斑养颜。

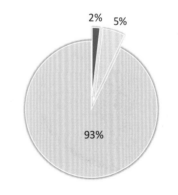

2% 5%

93%

 牡丹花

 蜂蜜

 水

牡丹华夫

Cortex Moutan Waffle

配方：牡丹皮5g，炒麦芽5g，华夫粉90g，鸡蛋50g（1个），
　　　水20g。

制作：取牡丹皮、炒麦芽，研磨成细粉。合并华夫粉加
　　　入容器内，混合均匀。再加入鸡蛋、水，搅拌均
　　　匀。倒入模具，烘焙至成熟。

功效：凉血化瘀，和胃安神。

释义：牡丹皮功擅清热凉血，化瘀止痛，炒麦芽和胃消
　　　食，二者融入华夫同食，在享受美味的同时兼有
　　　调经美容和胃保健之功。

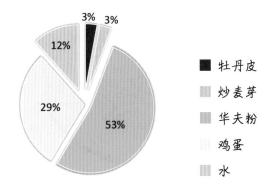

■ 牡丹皮
▨ 炒麦芽
▨ 华夫粉
▨ 鸡蛋
▨ 水

3%　3%
12%
29%
53%

牡丹皮 *Mudanpi*

Moutan Cortex

本品为毛茛科植物牡丹 *Paeonia suffruticosa Andr.* 的干燥根皮。

【性味与归经】 苦、辛，微寒。归心、肝、肾经。

【功能与主治】 清热凉血，活血化瘀。用于热入营血，温毒发斑，吐血衄血，夜热早凉，无汗骨蒸，经闭痛经，跌仆伤痛，痛肿疮毒。

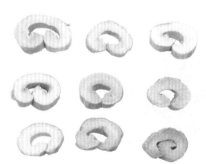

牡丹花 *Mudanhua*

Peony Flower

本品为毛茛科植物牡丹*Paeonia suffruticosa* Andr.的干燥花。

【性味与归经】 苦、淡，平。归肝经。

【功能与主治】 活血调经。用于妇女月经不调，经行
腹痛。

赤芍 *Chishao*

Paeoniae Radix Rubra

本品为毛茛科植物芍药 *Paeonia laotiflora Pall.* 或川赤芍 *Paeonia veitchii Lynch* 的干燥根。

【性味与归经】 苦，微寒。归肝经。

【功能与主治】 清热凉血，散瘀止痛。用于热入营血，温毒发斑，吐血衄血，目赤肿痛，肝郁胁痛，经闭痛经，癥瘕腹痛，跌仆损伤，痈肿疮疡。

玫瑰咖啡及其茶

玫瑰咖啡

Rose Coffee

配方： 玫瑰花1g，陈皮1g，甘草1g，咖啡豆17g。

制作： 取陈皮、甘草，合并磨成粗粉，再加入咖啡豆、玫瑰花，中细研磨。萃取、滴漏或者手冲，可得2杯咖啡。

功效： 行气解郁，燥湿健脾。

释义： 玫瑰花解血郁，陈皮化湿郁，二者均擅行气，以甘草调和，与咖啡同饮，可调畅气血，解郁醒神，调经健脾。

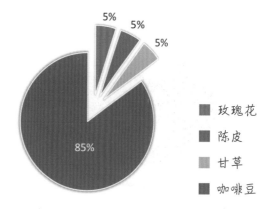

5% 5% 5%

85%

■ 玫瑰花
■ 陈皮
■ 甘草
■ 咖啡豆

玫瑰红茶

Black Tea with Rose

配方：玫瑰花5g，益母草3g，泽兰3g，红茶10g，水500g。

制作：取玫瑰、益母草、泽兰、红茶，置蒸茶器具内，加水蒸至沸腾5分钟。结合口感，可以加入牛奶，调制成奶茶饮用。

释义："血为气之母，气为血之帅"，玫瑰花、益母草、泽兰三者配合气血同调，行气活血，与茶作日常保健饮用，可调女性月经，又擅消气血瘀滞导致的疮疖肿痛。

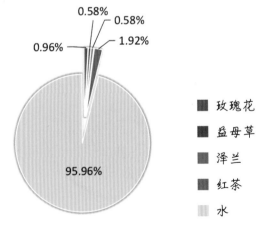

0.58%

0.58%

1.92%

0.96%

95.96%

■ 玫瑰花

■ 益母草

■ 泽兰

■ 红茶

■ 水

玫瑰华夫

Rose Waffle

配方：玫瑰花10g，华夫粉90g，鸡蛋50g（1个），水20g。

制作：取玫瑰花，研磨成细粉。合并华夫粉加入容器内，混合均匀。再加入鸡蛋、水，搅拌均匀。倒入模具，烘焙至成熟。

功效：行气解郁，和胃止痛。

释义：玫瑰花甘甜清香，独具风味，融入华夫，以飨味蕾的同时，可行气解郁以舒畅心情，可活血以调经美颜，亦可和胃以止痛。

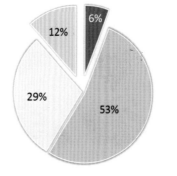

6%

12%

29%

53%

 玫瑰花

 华夫粉

 鸡蛋

水

玫瑰花 *Meiguihua*

Rosae Rugosae Flos

本品为蔷薇科植物玫瑰 *Rosa rugosa thunb.* 的干燥花蕾。

【性味与归经】 甘、微苦，温。归肝、脾经。

【功能与主治】 行气解郁，和血，止痛。用于肝胃气痛，
食少呕恶，月经不调，跌仆伤痛。

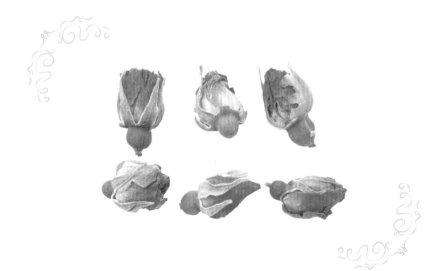

益母草 Yimucao

Leonuri Herba

本品为唇形科植物益母草*Leonurus japonicus* Houtt.的新鲜或干燥地上部分。

【性味与归经】 苦、辛，微寒。归肝、心包、膀胱经。

【功能与主治】 活血调经，利尿消肿，清热解毒。用于月经不调，痛经经闭，恶露不尽，水肿尿少，疮痈肿毒。

泽兰 Zelan

Lycopi Herba

本品为唇形科植物毛叶地瓜儿苗*Lycopus lucidus Turcz.var. hirtus Regel* 的干燥地上部分。

【性味与归经】 苦、辛，微温。归肝、脾经。

【功能与主治】 活血调经，祛瘀消痈，利水消肿。用于月经不调，经闭，痛经，产后瘀血腹痛，疮痈肿毒，水肿腹水。

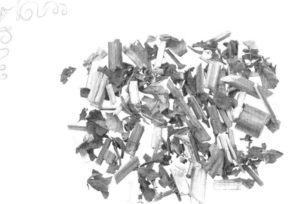

气郁体质者的选择

The choice of qi stagnation constitution

本草咖啡——传承本草经典·面向健康未来

Herbal Coffee—Inheriting herbal classic and facing healthy future

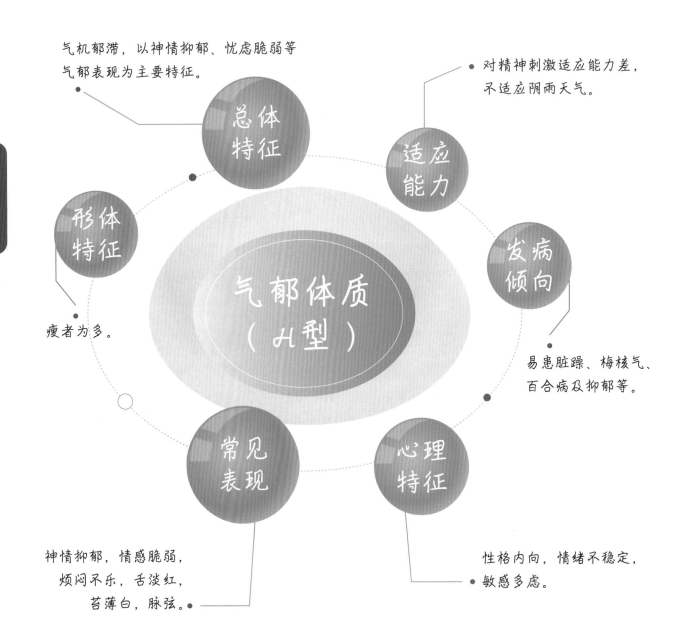

本草咖啡

284

气机郁滞，以神情抑郁、忧虑脆弱等气郁表现为主要特征。

对精神刺激适应能力差，不适应阴雨天气。

总体特征

适应能力

形体特征

发病倾向

气郁体质（H型）

瘦者为多。

易患脏躁、梅核气、百合病及抑郁等。

常见表现

心理特征

神情抑郁，情感脆弱，烦闷不乐，舌淡红，苔薄白，脉弦。

性格内向，情绪不稳定，敏感多虑。

川芎

咖啡及其茶

川芎咖啡

Rhizome of Chuanxiong Coffee

配方：川芎1g，香附1g，甘草1g，咖啡豆17g。

制作：取川芎、香附、甘草，合并磨成粗粉，再加入咖啡豆，中细研磨。萃取、滴漏或者手冲，可得2杯咖啡。

功效：活血行气，疏肝解郁，理气宽中，调经止痛。

释义：川芎被誉为"血中气药"，功擅活血行气，香附擅疏肝解郁，理气宽中，二者相配，以甘草调制峻烈，与咖啡同饮，适用于气郁不舒，胸闷腹胀，以及月经不调，小腹胀闷不适之人。

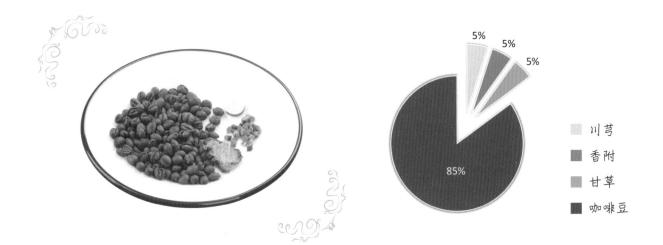

- 川芎 5%
- 香附 5%
- 甘草 5%
- 咖啡豆 85%

川芎姜黄红茶

Black Tea with Rhizome of Chuanxiong and Turmeric

配方：川芎5g，姜黄5g，红茶10g，水500g。

制作：取川芎、姜黄、红茶，置煮茶器具内，加水煮至
沸腾5分钟。结合口感，可以加入牛奶，调制成
奶茶饮用。

释义：川芎"上行头目，下调经水"，配以姜黄，提升
了通经止痛之功，与温性的红茶同饮，尤适用于
女性气郁血瘀，面色、舌色紫暗，经行腹部刺痛，
经色紫暗，有血块之人。

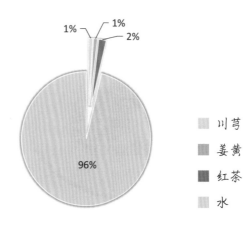

- 1%
- 1%
- 2%
- 96%

■ 川芎
■ 姜黄
■ 红茶
■ 水

川芎刺玫果蜜茶

Honey Tea with Rhizome of Chuanxiong and Rosa Davurica

配方：川芎10g，刺玫果10g，蜂蜜30g，水500g。

制作：取川芎、刺玫果，置煮茶器具内，加水煮至沸腾
　　　5分钟。取茶汤，加入蜂蜜，搅拌均匀。

功效：活血行气，健脾消食。

释义：川芎"中开郁结"，与功擅健脾消食的刺玫果
　　　相配，以蜂蜜调和，力在消除中焦脾胃的气机
　　　郁滞，可健运脾胃，消胀止痛，开胃消食。

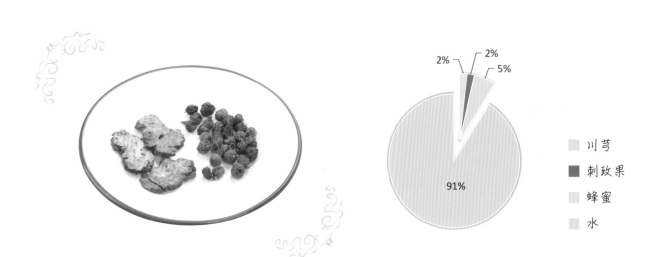

2%　　2%
　　　5%

91%

川芎
刺玫果
蜂蜜
水

川芎华夫

Rhizome of Chuanxiong Waffle

配方：川芎5g，天麻5g，华夫粉90g，鸡蛋50g(1个)，水20g。

制作：取川芎、天麻，研磨成细粉。合并华夫粉加入容器内，混合均匀。再加入鸡蛋、水，搅拌均匀。倒入模具，烘焙至成熟。

功效：活血行气，平抑肝阳，祛风通络。

释义：川芎被历代医家誉为气血病之圣药，活血行气力卓，天麻息肝风、平肝阳，制为华夫同食，使川芎活血行气而不过于耗伤正气，合天麻祛风通络，适用于平素肝阳上亢，头晕头痛及风湿痹痛，活动不利之人。

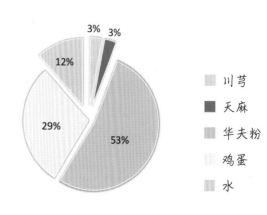

- 川芎 53%
- 天麻 3%
- 华夫粉 （见图）
- 鸡蛋 29%
- 水 12%

3% 3% 12% 29% 53%

川芎 Chuanxiong

Chuanxiong Rhizoma

本品为伞形科植物川芎*Ligusticum chuanxiong* Hort.的干燥根茎。

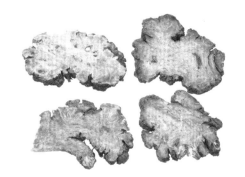

【性味与归经】

辛，温。归肝、胆、心包经。

【功能与主治】

活血行气，祛风止痛。用于胸痹心痛，胸胁刺痛，跌仆肿痛，月经不调，经闭痛经，癥瘕腹痛，头痛，风湿痹痛。

香附 Xiangfu

Cyperi Rhizoma

本品为莎草科植物莎草Cyperus rotundus L.的干燥根茎。

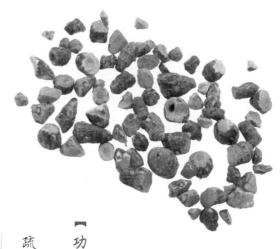

【性味与归经】

辛、微苦、微甘，平。归肝、脾、三焦经。

【功能与主治】

疏肝解郁，理气宽中，调经止痛。用于肝郁气滞，胸胁胀痛，疝气疼痛，乳房胀痛，脾胃气滞，脘腹痞闷，胀满疼痛，月经不调，经闭痛经。

姜黄 *Jianghuang*

Curcumae Longae Rhizoma

本品为姜科植物姜黄 *Curcuma longa* L.的干燥根茎。

【性味与归经】

辛、苦，温。归脾、肝经。

【功能与主治】

破血行气，通经止痛。用于胸胁刺痛，胸痹心痛，痛经经闭，癥瘕，风湿肩臂疼痛，跌仆肿痛。

刺玫果 *Cimeiguo*

本品为蔷薇科植物山刺玫 *Rosa davurica Pall.*、光叶山刺玫 *Rosa davurica Pall.var.glabra Liou* 的果实。

【性味与归经】

酸，苦，温。归肝、脾、胃、膀胱经。

【功能与主治】

健脾消食，活血调经，敛肺止咳。主消化不良，食欲不振，脘腹胀痛，腹泻，月经不调，痛经，动脉粥样硬化，咳嗽。

天麻 Tianma

Gastrodiae Rhizoma

本品为兰科植物天麻Gastrodia elata Bl.的干燥块茎。

【性味与归经】

甘，平。归肝经。

【功能与主治】

息风止痉，平抑肝阳，祛风通络。用于小儿惊风，癫痫抽搐，破伤风，头痛眩晕，手足不遂，肢体麻木，风湿痹痛。

陈皮

咖啡及其茶

陈皮咖啡

Dried Tangerine Peel Coffee

配方：陈皮1g，木香1g，甘草1g，咖啡豆17g。

制作：取陈皮、木香、甘草，合并磨成粗粉，再加入咖啡豆，中细研磨。萃取、滴漏或者手冲，可得2杯咖啡。

功效：行气止痛，健脾消食，提神醒脑。

释义：气郁不舒易致胀、闷、痛等症，陈皮与木香均擅行气止痛，二者相须为用，以甘草调和，借咖啡醒神之力共同抒解气郁之食欲不振，胸胁、脘腹胀闷痛之症。

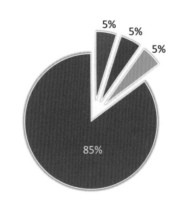

5%
5%
5%
85%

■ 陈皮
■ 木香
■ 甘草
■ 咖啡豆

陈皮普洱茶

Pu'er tea with Dried Tangerine Peel

配方：陈皮5g，厚朴花5g，普洱茶10g，水500g。

制作：取陈皮、厚朴花、普洱茶，置煮茶器具内，加水
　　　煮至沸腾5分钟。

功效：理气健脾，芳香暖胃。

释义：气是人体内推动血、津液运行的动力，气滞易致
　　　湿阻，陈皮与厚朴花相配，擅理气健脾，芳香化
　　　湿除滞，与暖胃的普洱同饮，可纠胸脘痞闷胀满，
　　　纳谷不香之症。

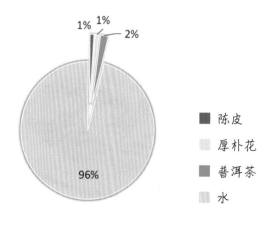

1% 1% 2%

96%

■ 陈皮
■ 厚朴花
■ 普洱茶
■ 水

陈皮橘红蜜茶

Honey Tea with Dried Tangerine Peel and Tangerine

配方：陈皮10g，橘红(或化橘红)10g，蜂蜜30g，水50g。

制作：取陈皮、橘红（或化橘红），置煮茶器具内，加
　　　水煮至沸腾5分钟。取茶汤，加入蜂蜜，搅拌均匀。

功效：理气健脾，燥湿化痰。

释义：陈皮与橘红均来自芸香科植物橘的果皮，而陈皮
　　　偏于入脾经，擅健脾和胃，橘红偏于入肺经，止
　　　咳化痰更佳，二者相配以蜂蜜调饮，肺脾同调。

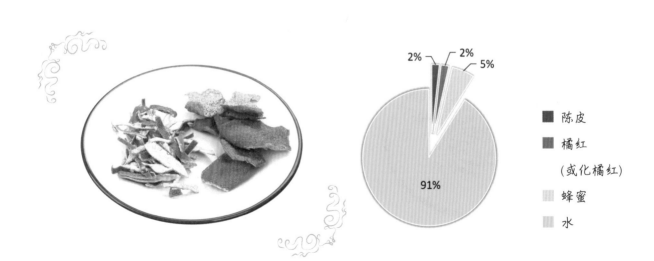

- ■ 陈皮
- ■ 橘红
  (或化橘红)
- 蜂蜜
- 水

2%　2%　5%

91%

陈皮佛手蜜茶

Honey Tea with Dried Tangerine Peel and Bergamot

配方：陈皮10g，佛手10g，蜂蜜30g，水500g。

制作：取陈皮、佛手，置煮茶器具内，加水煮至沸腾5
分钟。取茶汤，加入蜂蜜，搅拌均匀。

功效：疏肝理气，和胃止痛。

释义：肝主疏泄气机，肝气郁结则易致精神抑郁，佛手
擅理肝气，与陈皮相合，调畅中焦脾胃气机，疏
肝解郁，二者以蜂蜜调饮，可调畅情志，开胃消食。

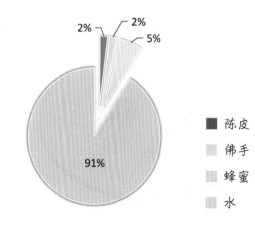

2%　2%
5%

91%

■ 陈皮
■ 佛手
■ 蜂蜜
■ 水

陈皮华夫

Dried Tangerine Peel Waffle

配方：陈皮5g，厚朴花5g，华夫粉90g，鸡蛋50g（1个），
水20g。

制作：取陈皮、厚朴花，研磨成细粉。合并华夫粉加入
容器内，混合均匀。再加入鸡蛋、水，搅拌均匀。
倒入模具，烘焙至成熟。

功效：理气健脾，芳香暖胃。

释义：陈皮与厚朴花味道芳香独特，与华夫粉同制华夫，
丰富华夫饼口味的同时又兼健运脾胃，调畅气机
之功。

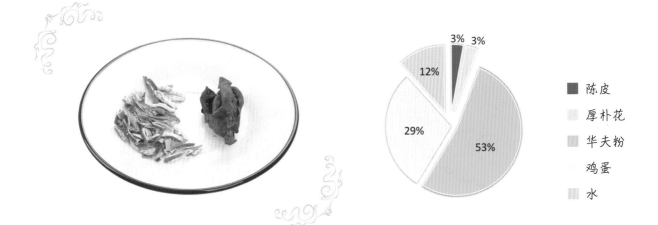

3% 3%
12%
29%
53%

■ 陈皮
▨ 厚朴花
▨ 华夫粉
鸡蛋
▥ 水

陈皮 Chenpi

Citri Reticulatae Pericarpium

本品为芸香科植物橘 *Citrus reticulata Blanco* 及其栽培变种
的干燥成熟果皮。药材分为"陈皮"和"广陈皮"。

【性味与归经】

苦、辛，温。

归肺、脾经。

【功能与主治】

理气健脾，燥湿
化痰。用于脘腹
胀满，食少吐泻，
咳嗽痰多。

木香　Muxiang

Aucklandiae Radix

本品为菊科植物木香*Aucklandia lappa Decne.*的干燥根。

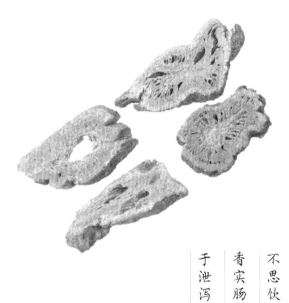

【性味与归经】

辛、苦，温。归脾、胃、大肠、三焦、胆经。

【功能与主治】

行气止痛，健脾消食。用于胸胁、脘腹胀痛，泻痢后重，食积不消，不思饮食。煨木香实肠止泻。用于泄泻腹痛。

橘红 Juhong

Citri xocarpium Rubrum

本品为芸香科植物橘Citrus reticulata Blanco及其栽培变种的
干燥外层果皮。

【性味与归经】

辛、苦，温。

归肺、脾经。

【功能与主治】

理气宽中，燥湿
化痰。用于咳嗽
痰多，食积伤酒，
呕恶痞闷。

化橘红 Huajuhong

Citri Grandis Exocarpium

本品为芸香科植物化州柚Citrus grandis 'tomentosa' 或柚Citrus grandis（L.）Osbeck的未成熟或近成熟的干燥外层果皮。前者习称"毛橘红"，后者习称"光七爪""光五爪"。

【性味与归经】

辛、苦，温。

归肺、脾经。

【功能与主治】

理气宽中，燥湿化痰。用于咳嗽痰多，食积伤酒，呕恶痞闷。

佛手 Foshou

Citri Sarcodactylis Fructus

本品为芸香科植物佛手*Citrus medica L.var.sarcodactylis Swingle*的干燥果实。

【性味与归经】

辛、苦、酸，温。

归肝、脾、胃、肺经。

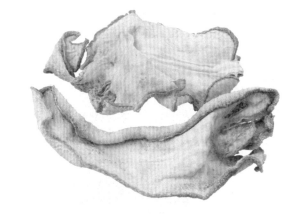

【功能与主治】

疏肝理气，和胃止痛，燥湿化痰。

用于肝胃气滞，胸胁胀痛，胃脘痞满，食少呕吐，咳嗽痰多。

厚朴花 Houpohua

Magnoliae Officinalis Flos

本品为木兰科植物厚朴 *Magnolia officinalis Rehd.et Wils.*或四叶厚朴 *Magnolia officinalis Rehd.et Wils.var.biloba Rehd.et Wils.*的干燥花蕾。

【性味与归经】

苦、微温。归脾、胃经。

【功能与主治】

芳香化湿，理气宽中。用于脾胃湿阻气滞，胸脘痞闷胀满，纳谷不香。

桔梗

咖啡及其茶

桔梗咖啡

Platycodon Grandiflorum Coffee

配方：桔梗1g，莱菔子1g，甘草1g，咖啡豆17g。

制作：取桔梗、甘草，合并磨成粗粉，再加入咖啡豆、莱菔子，中细研磨。萃取、滴漏或者手冲，可得2杯咖啡。

功效：宣肺利咽，降气化痰，消食除胀。

释义：桔梗被誉为"舟楫之药"，性善上升，功擅宣肺，莱菔子功擅降气，二者一升一降，通调气机，以甘草调和，与咖啡同饮，提振神气的同时，利咽化痰，宽胸，消食。

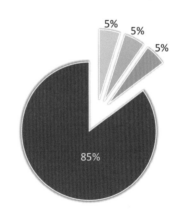

5%
5%
5%
85%

 桔梗
 莱菔子
 甘草
咖啡豆

桔梗红茶

Black Tea with Platycodon Grandiflorum

配方：桔梗5g，厚朴5g，红茶10g，水500g。

制作：取桔梗、厚朴、红茶，置煮茶器具内，加水煮至沸腾5分钟。结合口感，可以加入牛奶，调制成奶茶饮用。

功效：宣肺利咽，燥湿消痰，下气除满。

释义：桔梗与下气的厚朴相配，升降协调，梳理全身气机，二者与红茶同饮，适用于吸烟痰多或素有慢性咽炎或胃脘胀满不舒、食欲不振之人。

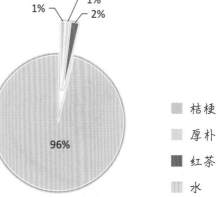

1% 1%
2%

96%

桔梗
厚朴
红茶
水

桔梗胖大海蜜茶

Honey Tea with Platycodon Grandiflorum and Scaphium Scaphigerum

配方：桔梗10g，胖大海10g，蜂蜜30g，水500g。

制作：取桔梗、胖大海，置煮茶器具内，加水煮至沸腾
5分钟。取茶汤，加入蜂蜜，搅拌均匀。

功效：宣肺润肺，利咽开音，润肠通便。

释义：桔梗与胖大海相配，增强了宣肺利咽的功效，胖
大海又可润肠通便，二者加蜂蜜调服，尤适用于
吸烟痰多或素有慢性咽炎兼大便干结之人。

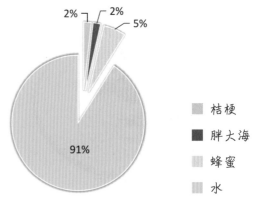

- 2%
- 2%
- 5%
- 91%

- 桔梗
- 胖大海
- 蜂蜜
- 水

桔梗华夫

Platycodon Grandiflorum Waffle

配方：桔梗5g，紫苏子5g，华夫粉90g，鸡蛋50g（1个），
水20g。

制作：取桔梗、紫苏子，研磨成细粉。合并华夫粉加入
容器内，混合均匀。再加入鸡蛋、水，搅拌均匀。
倒入模具，烘焙至成熟。

功效：理气化痰，止咳利咽。

释义：桔梗与紫苏子同用，宣降有序，调理肺之气机，化
痰利咽止咳，作华夫食用，保肺气之健。

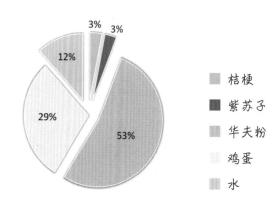

3%　3%

12%

29%

53%

- 桔梗
- 紫苏子
- 华夫粉
- 鸡蛋
- 水

桔梗 Jiegeng

Platycodonis Radix

本品为桔梗科植物桔梗 Platycodon grandiflorum （Jacq.）A.DC.的干燥根。

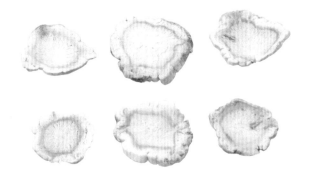

【性味与归经】

苦、辛，平。

归肺经。

【功能与主治】

宣肺，利咽，祛痰，排脓。用于咳嗽痰多，胸闷不畅，咽痛音哑，肺痈吐脓。

莱菔子 *Laifuzi*

Raphani Semen

本品为十字花科植物萝卜 *Raphanus sativus L.* 的干燥成熟种子。

【性味与归经】

辛、甘，平。

归肺、脾、胃经。

【功能与主治】

消食除胀，降气化痰。用于饮食停滞，脘腹胀痛，大便秘结，积滞泻痢，痰壅喘咳。

厚朴 Houpo

Magnoliae Officinalis Cortex

本品为木兰科植物厚朴 *Magnolia officinalis* Rehd. et Wils. 或凹叶厚朴 *Magnolia officinalis* Rehd. et Wils. var. *biloba* Rehd. et W ils.的干燥干皮、根皮及枝皮。

【性味与归经】

苦、辛，温。归脾、胃、肺、大肠经。

【功能与主治】

燥湿消痰，下气除满。用于湿滞伤中，脘痞吐泻，食积气滞，腹胀便秘，痰饮喘咳。

胖大海 *Pangdahai*

Sterculiae Lychnophorae Semen

本品为梧桐科植物胖大海*Sterculia lychnophora Hance*的干燥成熟种子。

【性味与归经】

甘，寒。归肺、大肠经。

【功能与主治】

清热润肺，利咽开音，润肠通便。

用于肺热声哑，干咳无痰，咽喉干痛，热结便闭，头痛目赤。

紫苏子 *Zisuzi*

Perillae Fructus

本品为唇形科植物紫苏 *Perilla frutescens*（*L.*）*Britt.* 的干燥成熟果实。

【性味与归经】

辛，温。归肺经。

【功能与主治】

降气化痰，止咳平喘，润肠通便。用于痰壅气逆，咳嗽气喘，肠燥便秘。

火麻仁

咖啡及其茶

火麻仁咖啡

Hemp Seed Coffee

配方：火麻仁2g，甘草1g，咖啡豆17g。

制作：取甘草，磨成粗粉，再加入咖啡豆、火麻仁，中细研磨。萃取、滴漏或者手冲，可得2杯咖啡。

功效：润肠通便，提神醒脑。

释义：气是人体内各生命活动的动力，气郁失于正常推动易致便秘，火麻仁擅润肠通便，与咖啡同饮，适用于平素易发便秘之人。

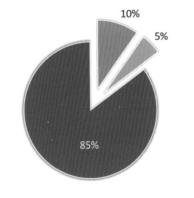

10%
5%
85%

■ 火麻仁
■ 甘草
■ 咖啡豆

火麻仁红茶

Black Tea with Hemp Seed

配方：火麻仁5g，决明子5g，红茶10g，水500g。

制作：取火麻仁、决明子、红茶，置煮茶器具内，加水煮至沸腾5分钟。结合口感，可以加入牛奶，调制成奶茶饮用。

功效：润肠通便，和胃，明目。

释义：气郁易致内热，热则伤津，可致目干目涩、大便秘结等症，火麻仁与决明子相配，与温胃的红茶同饮，又可润肠通便，清热明目。

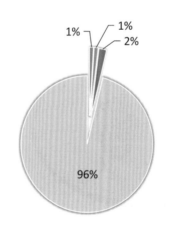

1% 1%
2%
96%

■ 火麻仁
■ 决明子
■ 红茶
■ 水

火麻仁华夫

Hemp Seed Waffle

配方：火麻仁5g，郁李仁5g，华夫粉90g，鸡蛋50g（1个），
水20g。

制作：取火麻仁、郁李仁，研磨成细粉。合并华夫粉加
入容器内，混合均匀。再加入鸡蛋、水，搅拌均
匀。倒入模具，烘焙至成熟。

功效：润肠通便，和胃安神。

释义：火麻仁与郁李仁协同增效，起润肠通便之功用，
与华夫同制，和胃润肠，且胃和则有助于安神。

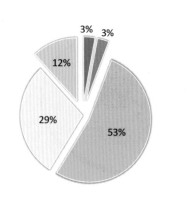

- 火麻仁
- 郁李仁
- 华夫粉
- 鸡蛋
- 水

火麻仁　Huomaren

Cannabis Fructus

本品为桑科植物大麻*Cannabis sativa L.*的干燥成熟果实。

【性味与归经】

甘，平。归脾、胃、大肠经。

【功能与主治】

润肠通便。用于血虚津亏，肠燥便秘。

郁李仁 Yuliren

Pruni Semen

本品为蔷薇科植物欧李 *Prunus humilis Bge*.、郁李 *Prunus japonica Thunb*. 或长柄扁桃 *Prunus pedunculata Maxim*. 的干燥成熟种子。前二种习称"小李仁"，后一种习称"大李仁"。

【性味与归经】

辛、苦、甘，平。

归脾、大肠、小肠经。

【功能与主治】

润肠通便，下气利水。用于津枯肠燥，食积气滞，腹胀便秘，水肿，脚气，小便不利。

咖啡及其茶

白芷

白芷咖啡

Angelica Dahurica Coffee

配方：白芷1g，紫苏梗1g，甘草1g，咖啡豆17g。

制作：取白芷、紫苏梗、甘草，合并磨成粗粉，再加入咖啡豆，中细研磨。萃取、滴漏或者手冲，可得2杯咖啡。

功效：理气宽中，祛风止痛，提神醒脑。

释义：气机调畅是保持健康的要素，紫苏梗擅理气宽中，白芷气温力厚，通窍行表，二者相配，以甘草调和，与咖啡同饮，可调气郁不舒，头痛胸闷等。

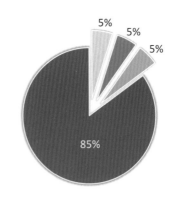

5%
5%
5%
85%

白芷
紫苏梗
甘草
咖啡豆

白芷紫苏蜜茶

Honey Tea with Angelica Dahurica and Purple Perilla

配方：白芷10g，紫苏叶10g，红茶10g，水500g。

制作：取白芷、紫苏叶、红茶，置煮茶器具内，加水煮至沸腾5分钟。结合口感，可以加入牛奶，调制成奶茶饮用。

功效：解表散寒，祛风止痛，行气和胃。

释义：白芷与紫苏叶均芳香走表，擅祛风寒，其性辛温，又擅行气和胃，与温胃的红茶同饮，尤适于风寒外感，头痛胸闷，鼻塞流涕之人。

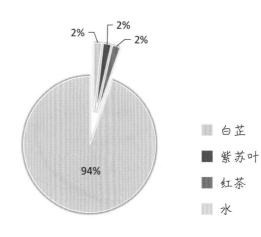

2% 2% 2%

94%

■ 白芷
■ 紫苏叶
■ 红茶
■ 水

白芷华夫

Angelica Dahurica Waffle

配方：白芷5g，砂仁5g，华夫粉100g，鸡蛋50g（1个）、
水20g。

制作：取白芷、砂仁，研磨成细粉。合并华夫粉加入容
器内，混合均匀。再加入鸡蛋、水，搅拌均匀。
倒入模具，烘焙至成熟。

功效：理气开胃，燥湿止泻。

释义：砂仁功擅理气燥湿，白芷芳香特甚，最能燥湿，
二者相配，与华夫同食，尤适于湿阻中焦脾胃，
食欲不振，腹泻便溏之人。

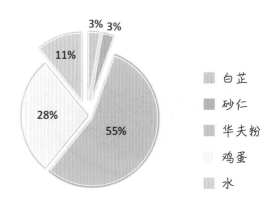

- 白芷
- 砂仁
- 华夫粉
- 鸡蛋
- 水

白芷 *Baizhi*

Angelicae Dahuricae Radix

本品为伞形科植物白芷*Angelica dahurica*（Fisch.ex Hoffm.）Benth.et Hook.f.或杭白芷*Angelica dahurica*（Fisch.ex Hoffm.）Benth.et Hook.f.var.formosana（Boiss.）Shan et Yuan的干燥根。

【性味与归经】

辛，温。归胃、大肠、肺经。

【功能与主治】

解表散寒，祛风止痛，宣通鼻窍，燥湿止带，消肿排脓。用于感冒头痛，眉棱骨痛，鼻塞流涕，鼻鼽，鼻渊，牙痛，带下，疮疡肿痛。

紫苏梗 Zisugeng

Perillae Caulis

本品为唇形科植物紫苏 *Perilla frutescens*（ *L.* ）*Britt.*的干燥茎。

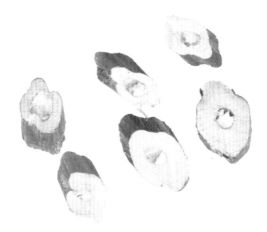

【性味与归经】

辛，温。归肺、脾经。

【功能与主治】

理气宽中，止痛，安胎。用于胸膈痞闷，胃脘疼痛，嗳气呕吐，胎动不安。

紫苏叶 Zisuye

Perillae Folium

本品为唇形科植物紫苏*Perilla frutescens*（L.）Britt.的干燥叶（或带嫩枝）。

【性味与归经】

辛，温。归肺、脾经。

【功能与主治】

解表散寒，行气和胃。用于风寒感冒，咳嗽呕恶，妊娠呕吐，鱼蟹中毒。

砂仁 Sharen

Amomi Fructus

本品为姜科植物阳春砂 *Amomum villosum Lour.*、绿壳砂 *Amomum villosum Lour.var.xanthioides T.L.Wu et Senjen* 或 海南砂 *Amomum longiligulare T.L.Wu* 的干燥成熟果实。

【性味与归经】

辛，温。归脾、胃、肾经。

【功能与主治】

化湿开胃，温脾止泻，理气安胎。用于湿浊中阻，脘痞不饥，脾胃虚寒，呕吐泄泻，妊娠恶阻，胎动不安。

平和体质者的选择

The choice of peaceful constitution

以体态适中、面色红润、精力充沛、脏腑功能状态强健壮实为主要特征。

总体特征

对自然环境和社会环境适应能力较强。

形体特征

适应能力

平和体质（A型）

体形匀称健壮。

常见表现

发病倾向

面色、肤色润泽，头发稠密有光泽，目光有神，鼻色明润，嗅觉通利，味觉正常，唇色红润，精力充沛，不易疲劳，耐受寒热，睡眠安和，胃口良好，两便正常，舌色淡红，苔薄白，脉和有神。

平时较少生病。

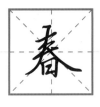 

本草咖啡及其茶

紫苏咖啡

Purple Perilla Coffee

配方：紫苏子1g，白术1g，甘草1g，咖啡豆17g。

制作：取白术、甘草，合并磨成粗粉，再加入咖啡豆、紫苏子，中细研磨。萃取、滴漏或者手冲，可得2杯咖啡。

功效：散寒行气，健脾益气醒脑。

释义：春季乍暖还寒，机体腠理渐疏松，抵抗寒邪能力减弱，以白术健脾益气固护卫气以防病，紫苏子辛温发散，顺应春季升发之气，以助阳生，甘草调和。

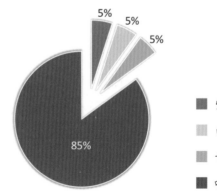

- 紫苏子
- 白术
- 甘草
- 咖啡豆

5% 5% 5%

85%

橘红咖啡

Tangerine Coffee

配方：橘红1g，桔梗1g，甘草1g，咖啡豆17g。

制作：取桔梗、橘红、甘草，合并磨成粗粉，再加入咖啡豆，中细研磨。萃取、滴漏或者手冲，可得2杯咖啡。

功效：宣肺利咽，化痰醒神。

释义：风为春季主气，风温初起易伤咽、肺，桔梗宣肺利咽，橘红理气宽中、化痰，甘草祛痰兼调和，尤适用于春季咽部不适者饮用。

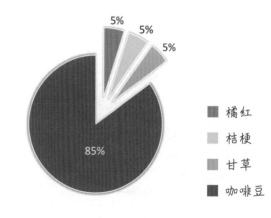

5%
5%
5%
85%

■ 橘红
■ 桔梗
■ 甘草
■ 咖啡豆

香橼蜜茶

Honey Tea with Fragrant Rafters

配方：香橼10g，胖大海10g，蜂蜜30g，水500g。

制作：取香橼、胖大海，置煮茶器具内，加水煮至沸腾
　　　5分钟。取茶汤，加入蜂蜜，搅拌均匀。

功效：疏肝解郁，润喉利咽。

释义：春属木，与肝相应，肝恶抑郁而喜调达，香橼
　　　舒肝理气、宽中、化痰，胖大海润肺利咽开音、
　　　兼能润肠，蜂蜜益气补中调和，诸药合用，调
　　　摄机体，宣达春阳之气，扶助代谢机能。

2% 2%
5%

91%

- ■ 香橼
- ■ 胖大海
- □ 蜂蜜
- □ 水

党参红茶

Black Tea with Codonopsis Pilosula

配方：党参5g，麦芽5g，红茶10g，水500g。

制作：取党参、麦芽、红茶，置煮茶器具内，加水煮至沸腾5分钟。结合口感，可以加入牛奶，调制成奶茶饮用。

功效：补中益气，消食开胃。

释义：气是人体一切活动的动力，气的来源之一是饮食中的水谷精微，党参补中益气、止渴、健脾益肺、养血生津，麦芽行气消食、健脾开胃，与性温的红茶同饮，在春季固护胃气，保障气血化生。

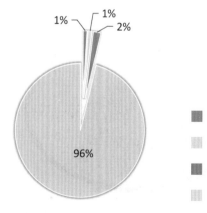

1% 1%
2%

96%

党参
麦芽
红茶
水

党参华夫

Codonopsis Pilosula Waffle

配方：党参5g，麦芽5g，华夫粉90g，鸡蛋50g（1个），
　　　水20g。

制作：取党参、麦芽，研磨成细粉。合并华夫粉加入容
　　　器内，混合均匀。再加入鸡蛋、水，搅拌均匀。
　　　倒入模具，烘焙至成熟。

功效：补中益气，健脾开胃。

释义：脾胃为后天之本，气血生化之源，党参与麦芽合
　　　用，健运中焦脾胃，烤制成华夫饼，颐养后天。

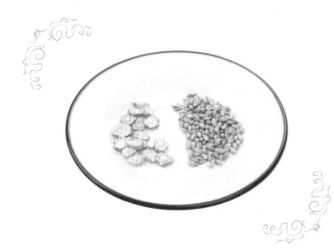

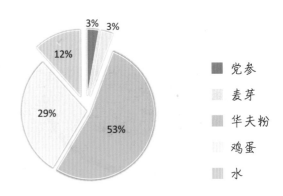

3%　3%
12%
29%
53%

■ 党参
▨ 麦芽
▨ 华夫粉
▨ 鸡蛋
▨ 水

本草咖啡及其茶

菊咖啡

Chrysanthemum Coffee

配方：菊花1g，桑叶1g，甘草1g，咖啡豆17g。

制作：取甘草，磨成粗粉，再加入咖啡豆、菊花、桑叶，中细研磨。萃取、滴漏或者手冲，可得2杯咖啡。

功效：疏散清热，明目醒神。

释义：夏季气候炎热、阳气最盛，菊花与桑叶相须为用，共同疏散风热，清肺润燥，平肝明目，甘草调和，与咖啡同饮，共解夏季暑热。

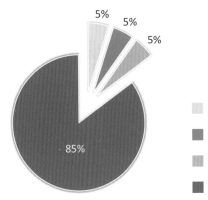

5%
5%
5%
85%

菊花
桑叶
甘草
咖啡豆

藿香咖啡

Agastache Rugose Coffee

配方：藿香1g，苍术1g，甘草1g，咖啡豆17g。

制作：取藿香、苍术、甘草，合并磨成粗粉，再加入咖啡
豆，中细研磨。萃取、滴漏或者手冲，可得2杯咖啡。

功效：化湿解暑，明目醒神。

释义：夏季湿邪偏盛，易困阻脾胃，又因人们避热趋凉，
贪凉饮冷，亦会受寒，藿香化湿醒脾、辟秽和中、
解暑、发表，苍术燥湿健脾、祛风散寒、明目，以
甘草调和，与咖啡同饮，规避夏季之湿滞中焦。

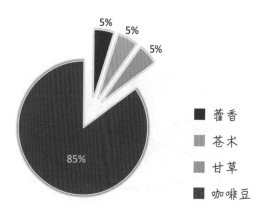

5%　5%　5%

85%

■ 藿香
■ 苍术
■ 甘草
■ 咖啡豆

佛手咖啡

Bergamot Coffee

配方：佛手1g，五加皮1g，甘草1g，咖啡豆17g。

制作：取佛手、五加皮、甘草，合并磨成粗粉，再加入咖啡
豆，中细研磨。萃取、滴漏或者手冲，可得2杯咖啡。

功效：理气燥湿，强身醒神。

释义：夏季暑湿偏盛，湿易阻滞气机，佛手理气燥湿化
痰、健脾和胃消胀，五加皮亦擅祛湿，同时能补
益肝肾、强筋壮骨，甘草调和，与咖啡同饮，又
解暑湿困阻清窍的神疲倦怠。

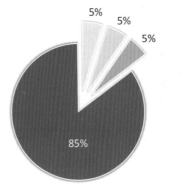

5%
5%
5%
85%

佛手
五加皮
甘草
咖啡豆

砂仁咖啡

Amomum Villosum Coffee

配方：砂仁1g，牛蒡子1g，甘草1g，咖啡豆17g。

制作：取砂仁、甘草合并磨成粗粉，再加入咖啡豆、牛蒡子，中细研磨。萃取、滴漏或者手冲，可得2杯咖啡。

功效：清热行气，解毒醒神。

释义：夏季暑热燔灼，湿邪蕴阻，易生热毒，砂仁行气调中、和胃醒脾，牛蒡子清解热毒、宣肺利咽，甘草亦可解毒，与咖啡同饮，共解暑热之毒。

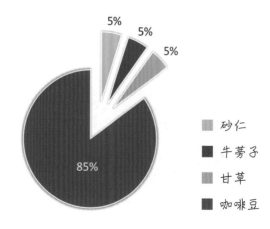

5%
5%
5%
85%

砂仁
牛蒡子
甘草
咖啡豆

牛蒡红茶

Black Tea with Great Burdock

配方：牛蒡5g，青皮5g，红茶10g，水500g。

制作：取牛蒡、青皮、红茶，置煮茶器具内，加水煮至
　　　沸腾5分钟。结合口感，可以加入牛奶，调制成
　　　奶茶饮用。

功效：行气解热，和胃消积。

释义：暑湿困阻脾胃，易致食欲不振、消化不良，牛蒡
　　　清解暑湿热毒，配青皮理气消积化滞，合红茶和
　　　胃，在夏季保障脾胃功能处于健康良好状态。

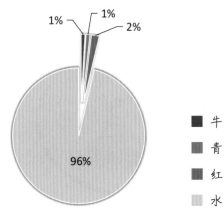

1%　1%　2%

96%

■ 牛蒡
■ 青皮
■ 红茶
■ 水

枳壳苦丁茶

Kuding Tea with Fructus Aurantii

配方：枳壳5g，苦丁茶15g，水500g。

制作：取枳壳、苦丁茶，置煮茶器具内，加水煮至沸腾
　　　5分钟。

功效：理气宽中，清热生津。

释义：夏季暑热，机体腠理开泄而多汗，汗出过多易致
　　　津伤。苦丁茶生津止渴清热，配枳壳行滞，以防
　　　暑湿碍胃，暑热津伤。

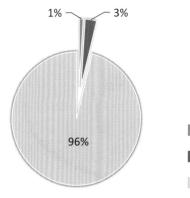

1%　　3%

96%

 枳壳

 苦丁茶

 水

柏子仁华夫

Semen Platycladi Waffle

配方：柏子仁5g，莲子5g，华夫粉90g，鸡蛋50g（1个），
　　　水20g。

制作：取柏子仁、莲子，研磨成细粉。合并华夫粉加入
　　　容器内，混合均匀。再加入鸡蛋、水，搅拌均匀。
　　　倒入模具，烘焙至成熟。

功效：养心安神，补脾益肾。

释义：暑热易扰动心神，致心神不安，睡眠不良，柏子
　　　仁与莲子相须为用，共奏养心安神之效，制成华
　　　夫饼，又兼有补脾益肾，防止汗出过多的功用。

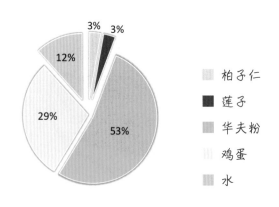

3%　3%

12%

29%

53%

- 柏子仁
- 莲子
- 华夫粉
- 鸡蛋
- 水

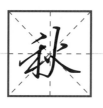 

本草咖啡及其茶

罗汉果咖啡

Momordica Grosvenori Coffee

配方：罗汉果2g，咖啡豆18g。

制作：取罗汉果，磨成粗粉，再加咖啡豆，中细研磨。
　　　萃取、滴漏或者手冲，可得2杯咖啡。

功效：清热润肺，提振精神。

释义：秋季燥气盛，燥易伤肺，肺开窍于鼻、咽，因此
　　　秋季易出现咽干肺燥之证。罗汉果清热润肺，利
　　　咽开音，与咖啡同饮，润肺燥，醒精神。

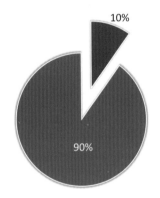

10%

90%

■ 罗汉果
■ 咖啡豆

远志咖啡

Polygala Tenuifolia Coffee

配方：远志1g，酸枣仁1g，甘草1g，咖啡豆17g。

制作：取远志、甘草，合并磨成粗粉，再加入咖啡豆、酸
枣仁，中细研磨。萃取、滴漏或者手冲，可得2杯咖啡。

功效：安神宁心，振奋精神。

释义：秋季人的情绪易于失稳，易于烦躁或悲愁伤感，
远志与酸枣仁相须为用，可安神益智宁心，咖啡
醒脑，相反相成，共调情志，有助于保持心情条
达舒畅。

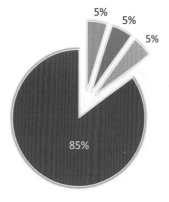

- 远志
- 酸枣仁
- 甘草
- 咖啡豆

知母红茶

Black Tea with Rhizoma Anemarrhenae

配方：知母5g，葛根5g，红茶10g，水500g。

制作：取知母、葛根、红茶，置煮茶器具内，加水煮至
　　　沸腾5分钟。结合口感，可以加入牛奶，调制成
　　　奶茶饮用。

功效：滋阴润燥，生津止渴。

释义：秋燥易伤津液，知母与葛根合用，清解燥热，舒
　　　筋解肌，与红茶同饮，共抗秋燥。

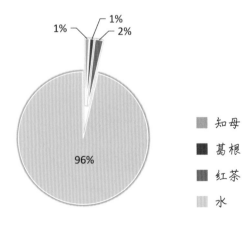

1%　　1%

1%　　2%

96%

知母

葛根

红茶

水

玫瑰茄蜜茶

Honey Tea with Roselle

配方：玫瑰茄20g，蜂蜜30g，水500g。

制作：取玫瑰茄，置蒸茶器具内，加水蒸至沸腾5分钟。
取茶汤，加入蜂蜜，搅拌均匀。

功效：润肺生津，消除疲劳。

释义：玫瑰茄具有敛肺止咳、降血压、解酒的功效，与
蜂蜜同服，增强了润肺生津、消除疲劳的功用。

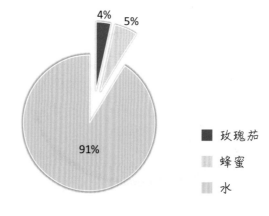

- 玫瑰茄 4%
- 蜂蜜 5%
- 水 91%

白果华夫

Ginkgo Waffle

配方：白果5g，山药5g，华夫粉90g，鸡蛋50g（1个），
　　　水20g。

制作：取白果、山药，研磨成细粉。合并华夫粉加入容
　　　器内，混合均匀。再加入鸡蛋、水，搅拌均匀。
　　　倒入模具，烘焙至成熟。

功效：补肺健脾，益肾固精。

释义：秋燥易伤肺，白果和山药同具补益与收涩功效，
　　　同用可以补肺敛肺，又可健脾益肾固精，二者秋
　　　季与华夫制饼，可强身健体。

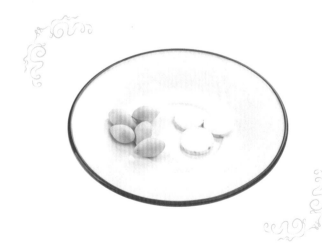

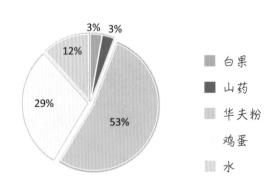

3%　3%

12%

29%

53%

- 白果
- 山药
- 华夫粉
- 鸡蛋
- 水

本草咖啡及其茶

益母草咖啡

Motherwort Coffee

配方：益母草1g，当归1g，甘草1g，咖啡豆17g。

制作：取益母草、当归、甘草磨成粗粉，再加入咖啡豆，中细研磨。萃取、滴漏或者手冲，可得2杯咖啡。

功效：补血活血，温经醒神。

释义：冬季阳气潜藏，阴气盛极，寒气当令，寒性凝滞，因此冬季易血行不畅，当归补血，合益母草活血调经，以甘草调和，加咖啡醒神，共防冬季之寒邪伤及血脉经络。

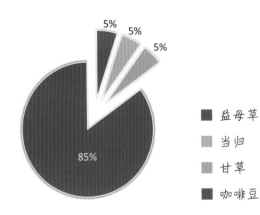

5%
5%
5%
85%

■ 益母草
■ 当归
■ 甘草
■ 咖啡豆

金樱子咖啡

Cherokee Rose Coffee

配方：金樱子1g，吴茱萸1g，甘草1g，咖啡豆17g。

制作：取金樱子、甘草合并磨成粗粉，再加入咖啡豆、吴茱萸，中细研磨。萃取、滴漏或者手冲，可得2杯咖啡。

功效：温经散寒，固精醒神。

释义：冬季寒盛，寒易伤阳，吴茱萸与金樱子相使为用，甘草调和，咖啡醒神，在寒冷冬日助肾元阳，固护肾精，振奋精神。

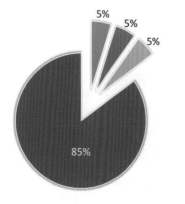

5% 5% 5%

85%

■ 金樱子
■ 吴茱萸
■ 甘草
■ 咖啡豆

高良姜红茶

Black Tea with Alpinia Officinarum

配方：高良姜5g，桂圆5g，红茶10g，水500g。

制作：取高良姜、桂圆、红茶，置煮茶器具内，加水煮
　　　至沸腾5分钟。结合口感，可以加入牛奶，调制成
　　　奶茶饮用。

功效：温胃散寒，益心宁神。

释义：高良姜性温，擅温胃止呕，散寒止痛，桂圆甘温，
　　　入心、脾经，擅补益心脾，养血安神，两者与性
　　　温的红茶相配，在冬日顾护脾胃，养心安神。

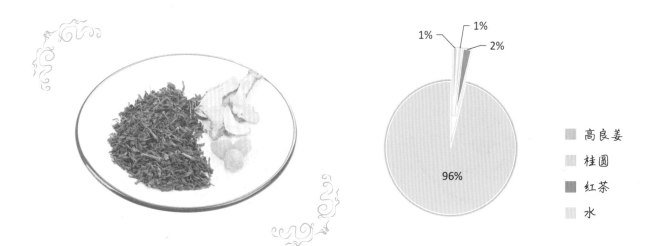

1%　　1%

1%　　　　2%

96%

高良姜
桂圆
红茶
水

红花蜜茶

Honey Tea with Red Flower

配方：红花10g，桃仁10g，蜂蜜30g，水500g。

制作：取红花、桃仁，置蒸茶器具内，加水蒸至沸腾5分钟。取茶汤，加入蜂蜜，搅拌均匀。

功效：活血通经，润肠通便。

释义：红花温通，功擅活血散瘀止痛，桃仁助力红花温通经脉，又与蜂蜜合力润肠，可调冬季寒阻经络，腹气不畅。

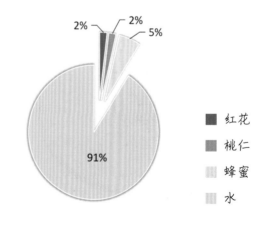

2% 2% 5%

91%

■ 红花
■ 桃仁
▦ 蜂蜜
▦ 水

金樱子华夫

Cherokee Rose Waffle

配方：金樱子10g，华夫粉90g，鸡蛋50g（1个），水20g。

制作：取金樱子，研磨成细粉。合并华夫粉加入容器内，混合均匀。再加入鸡蛋、水，搅拌均匀。倒入模具，烘焙至成熟。

功效：固涩精气，健脾和胃。

释义：冬季阳气伏藏，养生宜无扰乎阳，养精蓄锐，金樱子性擅收涩，固护人体的精气、津液，制成华夫饼食用，正合冬季机体的生理需求。

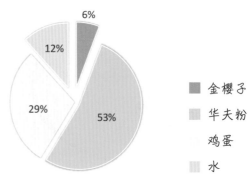

6%

12%

29%

53%

■ 金樱子
华夫粉
鸡蛋
水

异禀体质者的选择

The choice of abnormal constitution

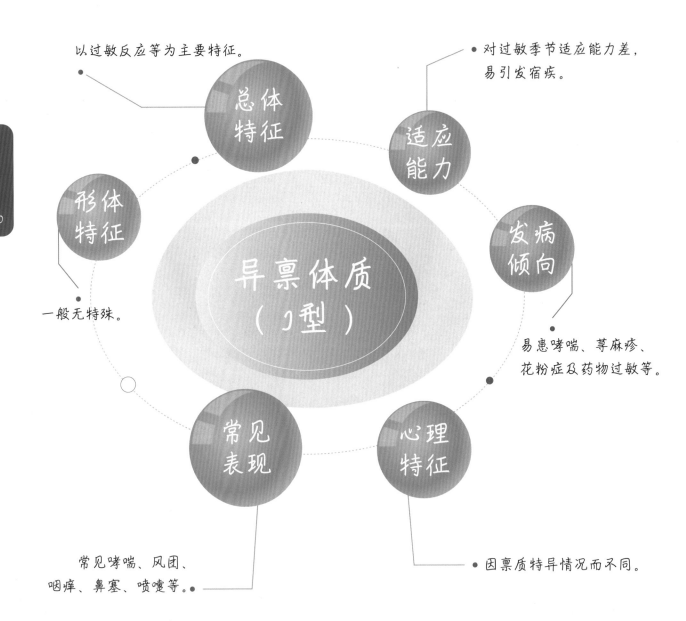

以过敏反应等为主要特征。

对过敏季节适应能力差，易引发宿疾。

总体特征

适应能力

形体特征

发病倾向

一般无特殊。

异禀体质
（J型）

易患哮喘、荨麻疹、花粉症及药物过敏等。

常见表现

心理特征

常见哮喘、风团、咽痒、鼻塞、喷嚏等。

因禀质特异情况而不同。

鼻炎

过敏性

易发者

白芷川芎咖啡

Angelica Dahurica Coffee with Ligusticum Wallichii

配方：白芷1g，川芎1g，薄荷1g，甘草1g，咖啡豆16g。

制作：取白芷、川芎、甘草，合并磨成粗粉，再加入薄荷、咖啡豆，中细研磨。萃取、滴漏或者手冲，可得2杯咖啡。

功效：宣通鼻窍，行气活血。

释义：过敏性鼻炎多由外感引发，起病较急、变化迅速，即中医所谓风邪致病"善行而数变"，白芷、薄荷协同，抗外感风寒，白芷又擅宣通鼻窍，川芎行气活血，起"治风先治血，血行风自灭"之效，加抗敏的甘草，与咖啡同饮，可防治过敏性鼻炎。

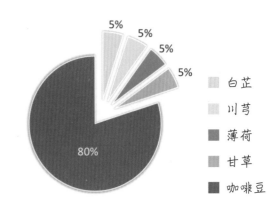

5%
5%
5%
5%
80%

白芷
川芎
薄荷
甘草
咖啡豆

藿香鱼腥草红茶

Black Tea with Wrinkled Giant Hyssop and Cordate Houttuynia

配方：藿香5g，鱼腥草5g，红茶10g，水500g。

制作：取藿香、鱼腥草、红茶，置蒸茶器具内，加水蒸
至沸腾5分钟。

功效：辟秽祛邪，固表宣肺。

释义：过敏性鼻炎的病机责之肺脾气虚，卫表不固，
风寒之邪乘虚侵入，犯及鼻窍，肺气宣降失常。
藿香醒脾和中，鱼腥草辛，微寒，归肺经，二者
与温通的红茶同饮，助肺气、通鼻窍。

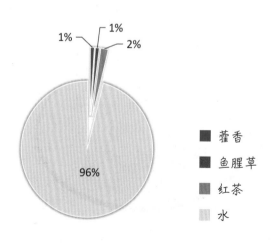

1%   1%

1%   2%

96%

■ 藿香

■ 鱼腥草

■ 红茶

■ 水

黄芪茯苓华夫

Astragalus Mongholicus Waffle with Poria Cocos

配方：黄芪5g，茯苓5g，华夫粉90g，鸡蛋50g（1个），
　　　水20g。

制作：取黄芪、茯苓研磨成细粉。合并华夫粉加入容器
　　　内，混合均匀。再加入鸡蛋、水，搅拌均匀。倒
　　　入模具，烘焙至成熟。

功效：扶正固表，御邪强体。

释义：过敏性鼻炎的发作，根源在于机体正气不足，黄
　　　芪、茯苓与华夫粉、鸡蛋同食，扶助人体正气，
　　　提升抗邪能力，正气存内则邪不可干。

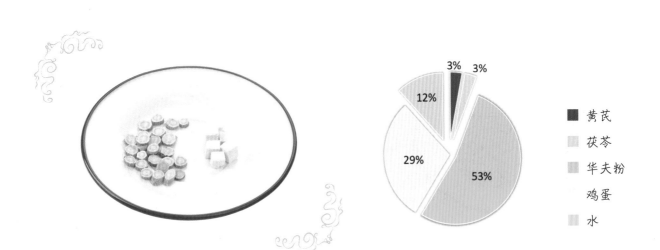

3% 3%

12%

29%

53%

■ 黄芪

▦ 茯苓

▦ 华夫粉

　 鸡蛋

▦ 水

过敏性

哮喘

易发者

桔梗陈皮咖啡

Platycodon Grandiflorum Coffee with Dried Tangerine Peel

配方：桔梗1g，陈皮1g，甘草1g，咖啡豆17g。

制作：取桔梗、甘草研磨成粗粉，再加入陈皮、咖啡豆，中细研磨。萃取、滴漏或者手冲，可得2杯咖啡。

功效：宣肺理气，健脾固肺。

释义：肺失宣降，肺气上逆是哮喘发生的基本病机，桔梗被誉为"舟楫之剂"，擅长宣肺，陈皮擅长理气化痰，合甘草又能健运脾胃，抑制湿痰的生成，三者共制咖啡，可助防治过敏性哮喘。

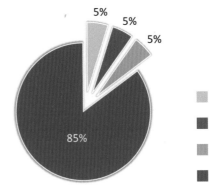

5% 5% 5%

85%

桔梗
陈皮
甘草
咖啡豆

杏仁乌梅红茶

Black Tea with Almond and Dark Plum

配方：杏仁5g，乌梅5g，红茶10g，水500g。

制作：取杏仁、乌梅、红茶，置煮茶器具内，加水煮至
沸腾5分钟。

功效：润肺祛痰，敛肺止咳。

释义：杏仁既具有丰富的营养价值，又具有良好的药用
价值，如镇咳平喘、增强免疫力，杏仁润肺祛
痰止咳，乌梅润肺敛肺，与红茶同饮，奏调理肺
功能之效。

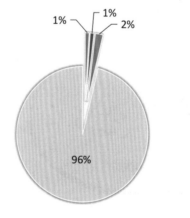

1%　1%　2%

96%

■ 杏仁
■ 乌梅
■ 红茶
■ 水

黄芪白术华夫

Astragalus Mongholicus Waffle with Atractylodes Macrocephala Koidz

配方：黄芪5g，白术5g，防风5g，华夫粉85g，鸡蛋50g
（1个），水20g。

制作：取黄芪、白术、防风研磨成细粉。合并华夫粉加
入容器内，混合均匀。再加入鸡蛋、水，搅拌均
匀，倒入模具，烘焙至成熟。

功效：扶正抗邪，固表强体。

释义：黄芪、白术、防风同用，被誉为"玉屏风"，意
指为人体建立一道抵御外邪的屏障，药理研究证
实三者具有肯定的提升机体免疫力功效，与华夫
作食疗，强身健体抗过敏。

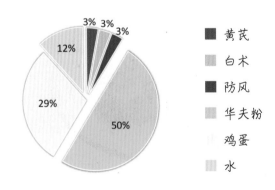

3% 3% 3%
12%
29%
50%

■ 黄芪
▨ 白术
■ 防风
▨ 华夫粉
　鸡蛋
▨ 水

过敏性

皮肤病

易发者

防风白扁豆咖啡

Radix Sileris Coffee with White Lentils

配方：防风1g，白扁豆1g，甘草1g，咖啡豆17g。

制作：取防风、白扁豆、甘草研磨成粗粉，再加入咖啡豆，
　　　中细研磨。滴萃取、滴漏或者手冲，可得2杯咖啡。

功效：祛风解表，祛湿解毒。

释义：人体正气不足，风湿之邪外侵易引发过敏性皮肤
　　　病，防风擅御外邪，白扁豆化湿健脾、解毒消肿，
　　　甘草调和扶正，与咖啡同饮，可防治过敏性皮肤病。

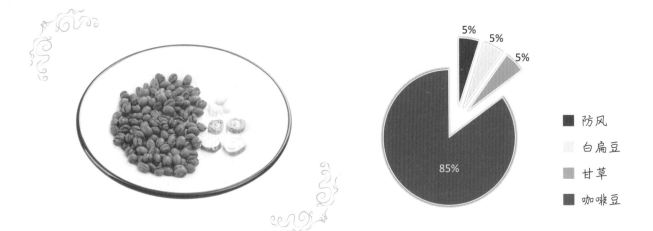

5%　5%　5%

85%

- 防风
- 白扁豆
- 甘草
- 咖啡豆

丹皮蜜茶

Honey Tea with Cortex Moutan

配方：牡丹皮5g，丹参5g，金银花5g，菊花5g，蜂蜜30g，水500g。

制作：取牡丹皮、丹参、金银花、菊花，置煮茶器具内，加水煮至沸腾5分钟。取茶汤，加入蜂蜜，搅拌均匀。

功效：清热凉血，通络止痒。

释义：过敏性皮肤病的发生与血热关系密切，丹参、牡丹皮清热凉血，金银花、菊花祛风通络，四者共制蜜茶，既可防过敏性皮肤病于未然，又可缓解症状、协助治疗。

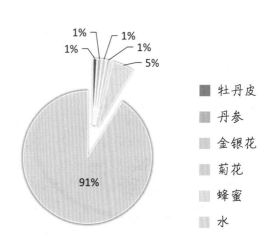

1%
1%
1%
1%
5%
91%

■ 牡丹皮
■ 丹参
■ 金银花
■ 菊花
■ 蜂蜜
■ 水

黄芪当归华夫

Astragalus Mongholicus Waffle with Angelica Sinensis

配方：黄芪5g，当归5g，大枣5g，华夫粉85g，鸡蛋50g（1个），水20g。

制作：取黄芪、当归、大枣研磨成细粉。合并华夫粉加入容器内，混合均匀。再加入鸡蛋、水，搅拌均匀，倒入模具，烘焙至成熟。

功效：益气补血，扶正健体。

释义：黄芪、当归、大枣同用，互助互益，提升补益气血功效，气血充足则正气强盛，正气即免疫力，常食黄芪当归华夫，免疫力改善则能缓解过敏病症。

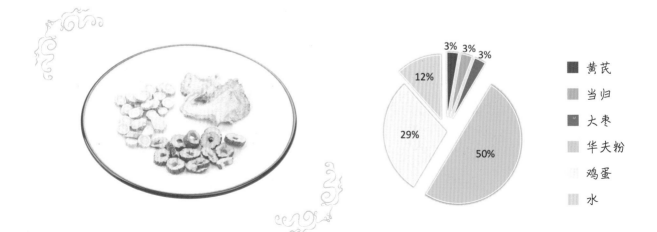

■	黄芪
▨	当归
■	大枣
▨	华夫粉
▨	鸡蛋
▨	水

3%　3%　3%　12%　29%　50%

摆脱灰色健康态

Get rid of the gray healthy state

本草咖啡——传承本草经典，面向健康未来

Herbal Coffee——Inheriting herbal classic and facing healthy future

高血压

　　高血压是以体循环动脉压升高为主要表现，伴有或不伴有多种心血管危险因素的临床心血管综合征。高血压是多种心脑血管疾病的重要病因和危险因素，影响心、脑、肾等重要脏器的结构和功能。高血压属于中医学"眩晕""头痛"等范畴。其现代医学诊断标准：在未使用降压药物的情况下，非同日3次测量诊室血压，收缩压≥140mmHg和（或）舒张压≥90mmHg。

辨证酌饮

一 肝阳上亢

症见眩晕耳鸣，头痛，头胀，颜面潮红，肢麻震颤，目赤，口苦，失眠多梦，急躁易怒，舌红，苔薄黄，脉弦数。

可选用湿热体质者适用的决明子咖啡及其茶。

二 肾阴亏虚

症见眩晕，视力减退，两目干涩，健忘，口干，耳鸣，神疲乏力，五心烦热，盗汗，失眠，腰膝酸软无力，遗精，舌质红，少苔，脉细数。

可选用阴虚体质者适用的白芍咖啡及其茶。

三 瘀血内阻

症见头痛，痛如针刺，痛处固定，口干，唇色紫暗，舌质紫暗，有瘀点，舌下脉络曲张，脉涩。

可选用瘀血体质者适用的牛膝咖啡及其茶。

四 痰饮内停

症见眩晕，头重昏沉，头痛，视物旋转，易胸闷心悸，胃脘痞闷，恶心呕吐，食少，多寐，下肢酸软无力，小便不利，大便或溏或秘，舌淡，苔白腻，脉濡滑。

可选用痰湿体质者适用的茯苓咖啡及其茶、苍术咖啡及其茶。

高脂血症

　　高脂血症是指由于脂肪代谢或转运异常使血浆中一种或多种脂质高于正常的代谢紊乱综合征，临床常表现为高胆固醇血症、高甘油三酯血症、混合性高脂血症及高（低）密度脂蛋白血症。高脂血症是导致动脉粥样硬化进而形成冠心病、心肌梗死、脑卒中等心脑血管事件的主要因素之一，有效防治高脂血症是预防心脑血管疾病的重要途径。高脂血症属于传统医学中的"痰浊""血瘀""血浊"范畴，中医药防治高脂血症优势突出。目前，国内一般把成年人空腹血清总胆固醇超过572mmol/L，甘油三酯超过1.70mmol/L，诊断为高脂血症；将总胆固醇在5.2~5.7mmol/L称为边缘性升高。

辨证酌饮

一　脾虚失运，痰湿内停

症见头晕头痛，常感头重昏沉，易胸闷乏力，胃脘痞闷，食少，多寐，肢体沉重，大便或溏或秘，舌淡，苔白腻，脉濡滑。

可选用痰湿体质者适用的茯苓荷叶咖啡、茯苓薏苡仁茶、苍术红茶。

二　气郁瘀阻，瘀血内停

症见面色晦暗，胸胁胀闷，喜欢叹气，时有头晕，失眠，口干，唇舌色暗，或舌上有瘀点瘀斑，舌下脉络曲张，脉涩。

可选用血瘀体质者适用的银杏咖啡及其茶、玫瑰咖啡及其茶、牡丹咖啡及其茶。

三　气血两虚，血郁不行

症见头痛，耳鸣，心悸，不寐，乏力，面色晦暗，舌暗淡，脉细涩等。

可选用血瘀体质者适用的当归咖啡及其茶、牛膝咖啡及其茶。

高尿酸血症

　　高尿酸血症是因体内尿酸生成过多和（或）排泄过少所致。生活方式和饮食结构的变化，如高蛋白、高脂肪、高嘌呤食物摄入的增加以及日常活动量的下降导致了高尿酸血症的发生，作为目前常见的一种代谢性疾病，高尿酸血症不仅是痛风产生的基础，同时还与代谢综合征、糖尿病、高血压、心血管疾病、肾脏疾病的发生紧密相关。中医将其归为"历节""痹证""痛风"等范畴。其现代医学诊断标准为：在正常嘌呤饮食状态下，非同日两次空腹血尿酸水平男性高于420μmol/L，女性高于360μmol/L。

辨证酌饮

一 湿浊内阻

症见一个或多个关节疼痛不适，肢体沉重，胃脘痞闷，小便不利，大便或溏或秘，舌淡，苔腻，脉滑。

可选用痰湿体质者适用的茯苓咖啡及其茶、苍术咖啡及其茶。

二 脾肾亏虚

症见一个或多个关节疼痛不适，腰膝酸软，健忘，神疲乏力，身重，纳差，便溏，盗汗，失眠，舌质红，少苔，脉细数。

可选用阳虚体质者适用的苁蓉咖啡及其茶、杜仲咖啡及其茶。

三 瘀血阻滞

症见一个或多个关节疼痛不适，痛处较固定，小便不利，大便或干或溏，口干，唇色紫暗，舌质紫暗，有瘀点，舌苔滑腻，脉涩。

可选用瘀血体质者适用的银杏咖啡及其茶、牛膝咖啡及其茶。

冠心病

　　冠心病是冠状动脉粥样硬化性心脏病的简称，是指冠状动脉发生粥样硬化使血管狭窄或闭塞，和（或）因冠状动脉痉挛，导致心肌缺血缺氧甚至坏死而引起的心脏病。主要表现为左胸部发作性憋闷、疼痛，常伴有心悸、气短、呼吸不畅等症状。冠心病属于中医学中的"心痛""胸痹""心悸"等范畴。冠心病的诊断依赖于症状、心电图及冠脉CT、冠状动脉造影、心肌酶、血脂分析等。

辨证酌饮

一 气滞心胸

症见心胸满闷不适，隐痛阵发，痛无定处，时欲太息，遇情志不遂时容易诱发或加重或兼有脘腹胀闷，得嗳气或矢气则舒，苔薄或薄腻，脉细弦。

可选用气郁体质者适用的川芎咖啡及其茶、桔梗咖啡及其茶。

二 寒阻心脉，心阳不振

症见左胸部发作性憋闷，疼痛，感寒痛甚，心悸气短，形寒肢冷，神倦怯寒，面色㿠白，苔薄白，脉沉细。

可选用阳虚体质者适用的丁香咖啡及其茶、杜仲咖啡及其茶。

三 痰浊闭阻

症见胸闷重而心痛轻，形体肥胖，痰多气短，遇阴雨天而易发作或加重，伴有倦怠乏力，纳呆便溏，口粘，恶心，咯吐痰涎，苔白腻或白滑，脉滑。

可选用痰湿体质者适用的苍术咖啡及其茶、茯苓桂枝红茶以及气郁体质者适用的陈皮咖啡及其茶。

辨证酌饮

四　瘀血痹阻

症见心胸疼痛剧烈，痛有定处，甚则心痛彻背，背痛彻心，或痛引肩背，伴有胸闷，日久不愈，可因暴怒而加重，舌质暗红，或紫暗，有瘀斑，苔薄，脉涩或结、代、促。

可选用瘀血体质者适用的银杏咖啡及其茶、牛膝茜草红茶、丹皮赤芍红茶、玫瑰红茶。

五　心气不足

症见心胸阵阵隐痛，胸闷气短，动则益甚，心慌，倦怠乏力，神疲懒言，面色㿠白，或易出汗，舌质淡红，舌体胖且边有齿痕，苔薄白，脉细缓或结代。

可选用气虚体质者适用的红景天咖啡及其茶，参咖啡及其茶。

六　心阴亏损

症见心胸疼痛时作，或灼痛，或隐痛，心悸怔忡，五心烦热，口燥咽干，潮热盗汗，舌红少津，苔薄或剥，脉细数或结代。

可选用阴虚体质者适用的白芍咖啡及其茶、北沙参咖啡及其茶。

摆脱灰色健康态

383

肥胖

肥胖症是指体内贮积的脂肪量超过理想体重20%以上，是一种由遗传因素、环境因素等多种原因相互作用而引起的慢性代谢性疾病。中医学认为其发生与过食肥甘厚味、痰饮内停、脾肾功能不足等有关。目前，对于单纯性肥胖，主要是测量体重指数(BMI)来对身体的肥胖程度进行判断，BMI=体重（kg）/[身高（m²）]。BMI值在18.5~23.9范围内属于正常，BMI值在24.0~27.9范围内属于超重，BMI值≥28.0，则可视为肥胖。

辨证酌饮

一 痰湿内盛

症见体胖，身体沉重，肢体困倦，胸闷神疲，时有头晕目眩，口干而不欲饮。舌苔白腻或白滑，脉滑。

可选用痰湿体质者适用的茯苓荷叶咖啡、茯苓华夫。

二 胃热滞脾

症见眩多食易饥，形体肥胖，面红，心烦头昏，口干口苦。舌红苔黄腻，脉弦滑。

可选用湿热体质者适用的蒲公英咖啡及其茶、金银花咖啡及其茶。

三 脾虚不运

症见肥胖臃肿，神疲乏力，身体困重，胸闷脘胀，小便不利，便溏或便秘。舌淡胖边有齿印，苔薄白或白腻，脉濡细。

可选用气虚体质者适用的景天芪茶、参咖啡及其茶、白术咖啡及其茶。

四 脾肾阳虚

症见形体肥胖，颜面虚浮，神疲嗜卧，气短乏力，腹胀便溏，自汗气喘，动则更甚，畏寒肢冷。舌淡胖苔薄白，脉沉细。

可选用阳虚体质者适用的丁香咖啡及其茶。

失眠

　　失眠是以频繁、持续的入睡困难或者睡着后易醒，睡眠质量较差等为主要表现的综合睡眠障碍。长时间的失眠会伴有其他机体功能的损害和情志损害，如易导致胃肠功能紊乱，产生焦虑等不良情绪。失眠在《内经》中称为"目不瞑""不得眠""不得卧"，属于中医学"不寐"范畴。失眠的诊断基于症状，可使用测评量表及多导睡眠图（Polysomnography，PSG）监测。

辨证酌饮

一 热扰心神

症见失眠，心烦，躁扰不宁，怔忡，目赤耳鸣，便秘溲赤，口干舌燥，小便短赤，口舌生疮，舌红，苔薄黄，脉细数。

可选用湿热体质者适用的金银花咖啡及其茶、薄荷咖啡及其茶。

二 阴虚火旺

症见心烦失眠，心悸不安，腰酸足软，伴头晕，耳鸣，健忘，遗精，口干津少，五心烦热，舌红少苔，脉细而数。

可选用阴虚体质者适用的百合咖啡及其茶、白芍咖啡及其茶。

三 心脾两虚

症见多梦易醒，心悸健忘，神疲食少，头晕目眩，伴有四肢倦怠，面色少华，舌淡苔薄，脉细无力。

可选用气虚体质者适用的参咖啡及其茶、五加咖啡及其茶、白术咖啡及其茶。

（本节茶与咖啡在上午适量饮用）

便秘

便秘是以大便排出困难，排便时间或排便间隔时间延长为表现的一种病证。形成便秘的原因是腑气闭塞不通或气虚推动无力。

辨证酌饮

一　肠胃积热

症见大便干结，腹胀腹痛，面红身热，口干口臭，心烦不安，小便短赤，舌红苔黄燥，脉滑数。

可选湿热体质者适用的牛蒡苦丁茶、决明子咖啡及其茶。

二　气机郁滞

症见大便干结，或虽不甚干结但排便不畅，胸闷腹胀，肠鸣矢气，食欲不振，舌苔薄腻，脉弦。

可选用气郁体质者适用的火麻仁咖啡及其茶、桔梗胖大海蜜茶。

三　气阳虚不运

症见粪质并不干硬，也有便意，但排便困难，便后乏力，体质虚弱，四肢不温，面白神疲，肢倦懒言，舌淡苔白，脉弱。

可选阳虚体质者适用的苁蓉咖啡及其茶。

四　阴血虚不濡

症见大便干结，排出困难，面色无华，形体消瘦，头晕耳鸣，心悸气短，健忘，心烦失眠，潮热盗汗，腰酸膝软，舌红少苔，脉细数。

可选用阴虚体质者适用的北沙参知母蜜茶。

摆脱灰色健康态

389

郁证

　　郁证是以心情抑郁、情绪不宁、胸部满闷、胁肋胀痛，或易怒易哭，或咽中如有异物梗塞等症为主要表现的病证。多由情志不舒、气机郁滞所致，其病机主要为肝失疏泄，脾失健运，心失所养及脏腑阴阳气血失调。明代《医学正传》首先采用郁证这一病证名称。《金匮要略》记载了属于郁证范畴的脏躁及梅核气两种病证，元代《丹溪心法》提出了气、血、火、食、湿、痰六郁之论，以后各代医家均有郁证相关著述。

辨证酌饮

一 肝气郁结

症见精神抑郁，情绪不宁，胸部满闷，胁肋胀痛，痛无定处，脘闷嗳气，不思饮食，大便不调，苔薄腻，脉弦。

可选用气郁体质者适用的白芷咖啡及其茶、川芎咖啡及其茶。

二 气郁化火

症见性情急躁易怒，胸胁胀满，口苦而干，或头痛，目赤，耳鸣，或嘈杂吞酸，大便秘结，舌质红，苔黄，脉弦数。

可选用湿热体质者适用的薄荷咖啡及其茶。

三 血行郁滞

症见精神抑郁，性情急躁，头痛，失眠，健忘，或胸胁疼痛，或身体某部有发冷或发热感，舌质紫暗，或有瘀点、瘀斑，脉弦或涩。

可选用瘀血体质者适用的玫瑰咖啡及其茶、当归咖啡及其茶。

辨证酌饮

四 痰气郁结

症见精神抑郁，胸部闷塞，胁肋胀满，咽中如有物梗塞，吞之不下，咯之不出，苔白腻，脉弦滑。

可选用痰湿体质者适用的茯苓咖啡及其茶、苍术咖啡及其茶。

五 心脾两虚

症见多思善疑，头晕神疲，心悸胆怯，失眠，健忘，面色不华，舌质淡，苔薄白，脉细。

可选用气虚体质者适用的参咖啡及其茶、白术咖啡及其茶。

六 心肾不交

症见情绪不宁，心悸，健忘，失眠，多梦，五心烦热，盗汗，口咽干燥，舌红少津，脉细数。

可选用阴虚体质者适用的百合咖啡及其茶、覆盆子咖啡及其茶。

感冒

感冒是感受触冒风邪或时行病毒，引起肺卫功能失调，出现鼻塞，流涕，喷嚏，头痛，恶寒，发热，全身不适等主要表现的一种病证。一年四季均可发病，以冬春季为多。感冒有普通感冒与时行感冒之分，中医学感冒与西医学感冒基本相同，普通感冒相当于西医学的普通感冒、上呼吸道感染，时行感冒相当于西医学的流行性感冒。中医学中感冒之名首见于北宋《仁斋直指方》篇，兹后历代医家沿用此名，并将感冒与伤风互称。

辨证酌饮

一 风寒感冒

症见恶寒重，发热轻，无汗，头痛，肢体酸疼，鼻塞声重，时流清涕，喉痒，咳嗽，痰吐稀薄色白，舌苔薄白，脉浮或浮紧。

可选用阳虚体质者适用的丁香姜咖啡、丁香姜枣红茶。

二 风热感冒

症见发热，微恶风寒，或有汗，鼻塞喷嚏，流稠涕，头痛，咽喉疼痛，咳嗽痰稠，舌苔薄黄，脉浮数。

可选用湿热体质者适用的薄荷咖啡及其茶、金银花咖啡及其茶。

三 暑湿感冒

发生于夏季，症见身热汗出，但汗出不畅，身热不扬，身重倦怠，头昏重痛，或有鼻塞流涕，咳嗽痰黄，胸闷欲呕，小便短赤，舌苔黄腻，脉濡数。

可选用痰湿体质者适用的豆蔻柠檬茶、湿热体质者适用的蒲公英桑菊茶。

尿路感染

尿路感染是以小便频急，滴沥不尽，尿道涩痛，小腹拘急，痛引腰腹为主要表现的一类病证。多因饮食劳倦、湿热侵袭而致，以肾虚，膀胱湿热，气化失司为主要病机。属于中医学"淋证"范畴。

辨证酌饮

一 湿热内阻

症见小便频急短涩，尿道灼热刺痛，尿色黄赤，少腹拘急胀痛，口苦，呕恶，或腰痛拒按，或有大便秘结，苔黄腻，脉滑数。

可选用湿热体质者适用的金银花咖啡及其茶、蒲公英咖啡及其茶、牛蒡苦丁茶。

二 气机不畅

症见小便涩痛，淋沥不畅，小腹胀满疼痛，苔薄白，脉多沉弦。

可选用气郁体质者适用的川芎咖啡及其茶。

三 中气不足

症见尿时涩滞，小腹坠胀，尿有余沥，面白不华，舌质淡，脉虚细无力。

可选用气虚体质者适用的白术咖啡及其茶、参咖啡及其茶。

四 脾肾亏虚

症见小便不甚赤涩，但淋沥不已，时作时止，遇劳即发，腰酸膝软，神疲乏力，舌质淡，脉细弱。

可选用阳虚体质者适用的茯苓咖啡及其茶、瘀血体质者适用的牛膝咖啡及其茶。

慢性咽炎

　　慢性咽炎是指咽部黏膜、黏膜下及淋巴组织的慢性炎症，是咽部最常见的疾病，以咽部干燥、梗塞异物感为主，有痒、胀、灼热和疼痛感觉，空咽时或说话多时症状明显。属中医学"喉痹"范畴。

辨证酌饮

一 肺肾阴虚

症见咽部不适，干涩而痛，口鼻干燥，咽部有异物感。伴干咳少痰，盗汗，手足心热，形体消瘦，舌红苔少，脉细数无力。

可选用阴虚体质者适用的贝母咖啡及其茶、玉竹咖啡及其茶。

二 肾阳亏虚

症见咽部微红微痛，咽干不适，吞咽梗阻感。伴面色无华，倦怠乏力，动则气短，手足不温，食少便溏，小便清长，舌质淡，苔薄白，脉细弱。

可选用阳虚体质者适用的杜仲咖啡及其茶。

三 胃热炽盛

症见咽部充血色红，干涩疼痛较甚。伴口臭，龈肿，渴喜冷饮，胃脘不舒，大便秘结，舌红苔黄腻，脉滑数。

可选用湿热体质者适用的决明子咖啡及其茶、薄荷咖啡及其茶。

了解您的体质——
中医体质分类判定法

Know your constitution —
Classification and Determination of Constitution in TCM

想了解自己是哪种体质，我们可以通过量表进行自测。自测方法源自中华中医药学会制定和发布的《中医体质分类与判定》标准，该标准应用了中医体质学、遗传学、流行病学、心理测量学、数理统计学等多学科交叉的方法，经中医体质专家、临床专家、流行病学专家多次讨论论证而建立，并在全国范围内进行了流行病学调查，具有良好的适应性、可行性。

一、自测方法

下面有九份表格，每份表格对应一种体质，每份表格有若干问题，依据自身情况选择问题答案并得到相应分值，计算原始分及转化分，依标准判定体质类型。

原始分=各个条目分值相加

转化分数=〔（原始分−条目数）／（条目数×4）〕×100

阳虚质

请根据近一年的体验和感觉，回答以下问题	没有（根本不）	很少（有一点）	有时（有些）	经常（相当）	总是（非常）
（1）您手脚发凉吗？	1	2	3	4	5
（2）您胃脘部、背部或腰膝部怕冷吗？	1	2	3	4	5
（3）您感到怕冷、衣服比别人穿得多吗？	1	2	3	4	5
（4）您比一般人受不了寒冷么？（冬天的寒冷，夏天的冷空调、电扇等）	1	2	3	4	5
（5）您比别人容易患感冒吗？	1	2	3	4	5
（6）您吃（喝）凉的东西会感到不舒服或者怕吃（喝）凉东西吗？	1	2	3	4	5
（7）您受凉或吃（喝）凉的东西后，容易腹泻（拉肚子）吗？	1	2	3	4	5

原始分：　　　　　转化分：　　　　　判断结果：　　□是　　□倾向是　　□否

阴虚质

请根据近一年的体验和感觉，回答以下问题	没有（根本不）	很少（有一点）	有时（有些）	经常（相当）	总是（非常）
（1）您感到手脚心发热吗？	1	2	3	4	5
（2）您感觉身体、脸上发热吗？	1	2	3	4	5
（3）您皮肤或口唇干吗？	1	2	3	4	5
（4）您口唇的颜色比一般人红吗？	1	2	3	4	5
（5）您容易便秘或大便干燥吗？	1	2	3	4	5
（6）您面部两颧潮红或偏红吗？	1	2	3	4	5
（7）您感到眼睛干涩吗？	1	2	3	4	5
（8）您感到口干咽燥、总想喝水吗？	1	2	3	4	5

原始分：　　　　转化分：　　　　判断结果：　　□是　　□倾向是　　□否

气虚质

请根据近一年的体验和感觉，回答以下问题	没有（根本不）	很少（有一点）	有时（有些）	经常（相当）	总是（非常）
（1）您容易疲乏吗？	1	2	3	4	5
（2）您容易气短（呼吸短促，接不上气）吗？	1	2	3	4	5
（3）您容易心慌吗？	1	2	3	4	5
（4）您容易头晕或站起时晕眩吗？	1	2	3	4	5
（5）您比别人容易患感冒吗？	1	2	3	4	5
（6）您喜欢安静、懒得说话吗？	1	2	3	4	5
（7）您说话声音无力吗？	1	2	3	4	5
（8）您活动量稍大就容易出虚汗吗？	1	2	3	4	5

原始分：　　　　转化分：　　　　判断结果：　　□是　　□倾向是　　□否

痰湿质

请根据近一年的体验和感觉，回答以下问题	没有（根本不）	很少（有一点）	有时（有些）	经常（相当）	总是（非常）
（1）您感到胸闷或腹部胀满吗？	1	2	3	4	5
（2）您感到身体沉重不轻松或不爽快吗？	1	2	3	4	5
（3）您腹部肥满松软吗？	1	2	3	4	5
（4）您有额部油脂分泌多的现象吗？	1	2	3	4	5
（5）您上眼睑比别人肿（有轻微隆起的现象）吗？	1	2	3	4	5
（6）您嘴里有黏黏的感觉吗？	1	2	3	4	5
（7）您平时痰多，特别是咽喉部总感到有痰堵着吗？	1	2	3	4	5
（8）您舌苔厚腻或有舌苔厚厚的感觉吗？	1	2	3	4	5

原始分：　　　　　转化分：　　　　　判断结果：　　□是　　□倾向是　　□否

湿热质

请根据近一年的体验和感觉，回答以下问题	没有（根本不）	很少（有一点）	有时（有些）	经常（相当）	总是（非常）
（1）您面部或鼻部有油腻感或者油亮发光吗？	1	2	3	4	5
（2）您容易生痤疮或疮疖吗？	1	2	3	4	5
（3）您感到口苦或嘴里有异味吗？	1	2	3	4	5
（4）您大便有黏滞不爽、有解不尽的感觉吗？	1	2	3	4	5
（5）您小便时尿道有发热感、尿色浓（深）吗？	1	2	3	4	5
（6）您带下色黄（白带颜色发黄）吗？（限女性回答）	1	2	3	4	5
（7）您的阴囊部位潮湿吗？（限男性回答）	1	2	3	4	5

原始分：　　　　转化分：　　　　判断结果：　　□是　　□倾向是　　□否

血瘀质

请根据近一年的体验和感觉，回答以下问题	没有（根本不）	很少（有一点）	有时（有些）	经常（相当）	总是（非常）
（1）您的皮肤在不知不觉中会出现青紫瘀斑（皮下出血）吗？	1	2	3	4	5
（2）您两颧部有细微红丝吗？	1	2	3	4	5
（3）您身体上有哪里疼痛吗？	1	2	3	4	5
（4）您面色晦暗或容易出现褐斑吗？	1	2	3	4	5
（5）您容易有黑眼圈吗？	1	2	3	4	5
（6）您容易忘事（健忘）吗？	1	2	3	4	5
（7）您口唇颜色偏暗吗？	1	2	3	4	5

原始分：　　　　　转化分：　　　　　判断结果：　　□是　　　□倾向是　　　□否

请根据近一年的体验和感觉,回答以下问题	没有(根本不)	很少(有一点)	有时(有些)	经常(相当)	总是(非常)
(1) 您感到闷闷不乐、情绪低沉吗?	1	2	3	4	5
(2) 您容易精神紧张、焦虑不安吗?	1	2	3	4	5
(3) 您多愁善感、感情脆弱吗?	1	2	3	4	5
(4) 您容易感到害怕或受到惊吓吗?	1	2	3	4	5
(5) 您胁肋部或乳房胀痛吗?	1	2	3	4	5
(6) 您无缘无故叹气吗?	1	2	3	4	5
(7) 您咽喉部有异物感,且吐之不出、咽之不下吗?	1	2	3	4	5

原始分:　　　　转化分:　　　　判断结果:　　□是　　□倾向是　　□否

异禀质

请根据近一年的体验和感觉，回答以下问题	没有（根本不）	很少（有一点）	有时（有些）	经常（相当）	总是（非常）
（1）您没有感冒时也会打喷嚏吗？	1	2	3	4	5
（2）您没有感冒时也会鼻塞、流鼻涕吗？	1	2	3	4	5
（3）您有因季节变化、温度变化或异味等原因而咳喘的现象吗？	1	2	3	4	5
（4）您容易过敏（对药物、食物、气味、花粉或在季节交替、气候变化时）吗？	1	2	3	4	5
（5）您的皮肤容易起荨麻疹（风团、风疹块、风疙瘩）吗？	1	2	3	4	5
（6）您的皮肤因过敏出现过紫癜（紫红色瘀点、瘀斑）吗？	1	2	3	4	5
（7）您的皮肤一抓就红，并出现抓痕吗？	1	2	3	4	5

原始分：　　　　　转化分：　　　　　判断结果：　　□是　　　□倾向是　　　□否

平和质

请根据近一年的体验和感觉，回答以下问题	没有（根本不）	很少（有一点）	有时（有些）	经常（相当）	总是（非常）
（1）您精力充沛吗？	1	2	3	4	5
（2）您容易疲乏吗？*	1	2	3	4	5
（3）您说话声音低弱无力吗？*	1	2	3	4	5
（4）您感到闷闷不乐吗？*	1	2	3	4	5
（5）您比一般人耐受不了寒冷（冬天的寒冷，夏天的冷空调、电扇）吗？*	1	2	3	4	5
（6）您能适应外界自然和社会环境的变化吗？	1	2	3	4	5
（7）您容易失眠吗？*	1	2	3	4	5
（8）您容易忘事（健忘）吗？*	1	2	3	4	5

原始分：　　　　转化分：　　　　判断结果：　　□是　　　□倾向是　　　□否

（注：标有*的条目需先逆向计分，即：1→5，2→4，3→3，4→2，5→1，再用公式转化分）

二、判定标准

平和质为正常体质，其他8种体质为偏颇体质。判定标准见下表。

平和质与偏颇体质判定标准表

体质类型	条件	判定结果
平和质	转化分≥60分	是
	其他8种体质转化分均＜30分	
	转化分≥60分	基本是
	其他8种体质转化分均＜40分	
	不满足上述条件者	否
偏颇体质	转化分≥40分	是
	转化分30~39分	倾向是
	转化分＜30分	否

三、示例

A：某人各体质类型转化分如下：平和质75分，气虚质56分，阳虚质27分，阴虚质25分，痰湿质12分，湿热质15分，血瘀质20分，气郁质18分，特禀质10分。根据判定标准，虽然平和质转化分≥60分，但其他8种体质转化分并未全部<40分，其中气虚质转化分≥40分，故此人不能判定为平和质，应判定为是气虚质。

本草咖啡

412

B：某人各体质类型转化分如下：平和质75分，气虚质16分，阳虚质27分，阴虚质25分，痰湿质32分，湿热质25分，血瘀质10分，气郁质18分，特禀质10分。根据判定标准，平和质转化分≥60分，且其他8种体质转化分均<40分，可判定为基本是平和质，同时，痰湿质转化分在30~39分之间，可判定为痰湿质倾向，故此人最终体质判定结果基本是平和质，有痰湿质倾向。